Jakob Ossner · Michael Rumpf · Joachim Vahland

Philosophiekurs Anthropologie

Quelle & Meyer · Heidelberg

ISBN: 3-494-01053-6

Printed in Germany.
Satz und Druck: Schwetzinger Verlagsdruckerei GmbH, D-6830 Schwetzingen.

Vorwort

Der vorliegende Sammelband von Texten zur philosophischen Anthropologie richtet sich an Schüler der Jahrgangsstufen 11–13 der reformierten Oberstufe und eignet sich von Stoffumfang und Stoffschwierigkeit her für einen Halbjahreskurs. Die Texte sind wie folgt angeordnet: nach einem Einführungstext, der den Begriff ›Anthropologie‹ klärt, werden mythologische Selbstdeutungen vorgestellt, deren Fortwirken bis in die Gegenwart zeigt, wie unvermeidbar sich dem Menschen die Frage nach seiner Bestimmung und Eigenart aufdrängt. Anschließend werden Phänomene präsentiert (Sprache, Distanz, Geist, Spiel, Arbeit, Identität und Fremdheit), die sich alle auf die Sonderstellung des Menschen hin auslegen lassen, insofern sie alle den Selbstbezug, die Selbstreflexion, das Selbstbewußtsein als die den Menschen vom Tier trennende Fähigkeit ansprechen. Daß der Mensch das einzige Wesen ist, das – nach bisherigem Wissensstand – sich selbst objektivieren kann (und damit das einzige Wesen, das philosophiert), wird auch in den Kapiteln IV–VI vorausgesetzt. Kapitel IV dokumentiert die wieder aufgebrochene Diskussion über das Leib-Seele-Problem, Kapitel V die noch nicht zur Ruhe gekommene Diskussion über Arnold Gehlens einflußreiche Anthropologie und damit Beispiele für menschliche Selbstzweifel und Selbstkritik. Die zwei Extreme menschlicher Selbststellungnahme, die Idealisierung und die Verachtung der eigenen Gattung, beschließen den Band.

Auf Fragen und Aufgaben zu den Texten wurde verzichtet, da sie meistens den Unterrichtsverlauf zu sehr steuern, manchmal sogar Erkenntnisse vorwegnehmen, die gute Absicht hingegen, den Schüler zur eigenständigen »Heimarbeit« zu motivieren, in der Regel verfehlen.

Die Titel für die einzelnen Texte stammen von den Herausgebern und stimmen nicht mit den Originaltiteln überein, weil sie besser auf den Stellenwert der z. T. gekürzten Texte im Zusammenhang dieses Bandes hinweisen.

Für jegliche Art der Kritik und der Anregung sind die Herausgeber dankbar.

Inhaltsverzeichnis

I. Kapitel: Einführung in den Begriff »Anthropologie«

1. Michael Landmann: Naturwissenschaftliche und philosophische Anthropologie

Der folgende Text informiert über den Begriff »Anthropologie« und versucht, die philosophische Anthropologie von den empirischen Nachbarwissenschaften abzugrenzen. Landmann verdeutlicht, daß jedermann ein ungeklärtes Menschenbild, also zumindest implizit Selbstdeutung und Selbstverständnis, besitzt.

Die *Naturwissenschaften* kennen eine somatisch-physische Anthropologie als Zweig der Biologie. Diese biologische Anthropologie wurde schon in der zweiten Hälfte des 18. Jahrh. (von Daubenton, Blumenbach, Sömmering) begründet. (Der Name Anthropologie geht bis in die Zeit des Humanismus zurück: der protestantische Humanist O. Casmann veröffentlichte 1596 ein Buch unter diesem Titel.) Das 19. Jahrh. brachte in allen Kulturländern die Gründung »anthropologischer Gesellschaften«. Anfänglich ist diese naturwissenschaftliche Anthropologie vor allem Wissenschaft von den verschiedenen Menschenrassen, wobei eine erste Methode zur Bestimmung der Rassenunterschiede die Schädelmessung war. Als dann seit der Mitte des 19. Jahrh. auch Skelette von Menschen aus älteren geologischen Epochen gefunden wurden – zuerst der berühmte Neandertaler, voreilig homo primigenius genannt –, übernahm anhand dieser diluvialen Menschenfunde die Anthropologie die weitere Aufgabe, die Naturgeschichte der Menschheit, der Hominiden, zu rekonstruieren. Inzwischen war aber auch gelehrt worden, daß die schon immer gesehene Verwandtschaft zwischen Menschen und Menschenaffen, den Anthropoiden, im Sinne einer Genese der Menschheit aus dem Tierreich zu deuten sei. Daher gesellte sich die Abstammungslehre des Menschen nun ebenfalls zum Aufgabenkreis der naturwissenschaftlichen Anthropologie. In neuerer Zeit rechnen manche auch die menschliche Vererbungslehre noch dazu.

Daß diese somatische Anthropologie den Namen Anthropologie überhaupt ganz usurpieren konnte – auch die Medizin kennt ein Fach, das sie Anthropologie nennt –, war nur im 19. Jahrh. als dem Jahrhundert der Naturwissenschaften möglich. Der schon erwähnte Casmann hatte den Begriff der Anthropologie viel weiter gefaßt: sie war ihm doctrina geminae naturae humanae, Lehre von der geistig- körperlichen Doppelnatur des Menschen, und dieser weitere Sprachgebrauch hatte bis ins 18. Jahr. hinein Geltung. Heute spricht man, um sich von der naturwissenschaftlichen Disziplin abzugrenzen, von »*philosophischer* Anthropologie«.

In Frankreich und den angelsächsischen Ländern ist Anthropologie zugleich soviel wie *Ethnologie,* zu der oft auch die Prähistorie gerechnet wird. Auch hier befaßt sie sich also mit der Verschiedenheit der Menschen, aber nicht vorwiegend in körperlicher, sondern in kultureller Hinsicht.

Die physische und die ethnologische Anthropologie setzen ein Wissen um das, was der Mensch ist, bereits voraus und untersuchen bloß seine äußeren Merkmale oder seine kulturellen Leistungen. Die philosophische Anthropologie dagegen macht sich das in diesen Wissenschaften als selbstverständlich vorausgesetzte Wissen um den Menschen zum Problem. Sie fragt nach dem ganzen Menschen, nach seinem Wesen, seinem Prinzip, nach der grundlegend unterscheidenden Besonderheit.

Ein extremer Naturalist könnte einwenden: stellt wirklich der Mensch eine eigene Seinsregion dar, der sich eine besondere Disziplin zu widmen hat? Vielleicht ist er von anderen Lebewesen nicht mehr unterschieden, als Wesen sich auch sonst unterscheiden. Und selbst wenn: liegt, sich mit ihm zu befassen, in der Kompetenz der Philosophie? Es gibt doch auch keine eigene Philosophie der Fische.

Ein anderes Problem: forscht die philosophische Anthropologie nach Merkmalen, die bei allen Menschen, die je gelebt haben und leben werden, in sämtlichen Kulturen, zutage liegen müssen, also nach einem Kriterium, anhand dessen wir bestimmen können, ob ein Wesen überhaupt ein Mensch ist? Oder ist das nur eine vorbereitende Frage und geht es darum, die höchsten Möglichkeiten der Menschheit zu entdecken, zu denen zwar nicht jeder Mensch und nicht einmal jede Kultur gelangt, in denen aber das, was zuinnerst im Menschen liegt, erst wahrhaft, erst vollendet in Erscheinung tritt? Suchen wir den tiefsten Punkt seines Wesens, von dessen Verwirklichung ab das Prädikat Mensch zutrifft, oder suchen wir den höchsten Punkt seines Wesens, sein Ideal – wenn es ein solches gibt –, hinter dem er aber auch oft zurückbleibt? [. . .]

In das Wissen um sich selbst setzt Pascal die grandeur de l'homme. Im Anschluß an den 8. Psalm sagt er: der Mensch ist zwar schwach und klein, ein Wassertropfen kann ihn töten. Aber er weiß, daß er stirbt, er weiß, daß das Universum stärker ist als er. Das Universum weiß bei all seiner Größe nicht um seine Größe. Daher ist der Mensch durch sein Wissen, und sei es auch nur Wissen um seine Kleinheit, dem Universum überlegen.

Nicht nur und erst die Philosophie aber enthält ein Wissen des Menschen um sich. [. . .] Wie jeder Mensch stets, bewußt oder unbewußt eine Weltanschauung hat, so hat er auch, noch diesseits aller Philosophie, eine Anschauung vom Menschen, eine implizite Anthropologie. Schon die früheste Religion, Kunst und Sitte, jede kulturelle Gestaltung enthält ein Bild des Menschen. Schon allein durch die Art, wie er dargestellt, durch das, was von ihm erwartet wird. Gelegentlich aber kommt es auch schon zu allgemeinen Aussagen.

II. Kapitel: Selbstdeutung: Mythologie

Die historisch ältesten Beispiele für die Selbstdeutung des Menschen sind die mythischen Erzählungen, die sich bei allen Völkern finden. In ihnen zeigt der Mensch das Bedürfnis, sich und seine Stellung in der Welt zu verstehen und sich dabei als Teil eines geordneten Ganzen zu erleben.

1. Karl Jaspers: Mythos als Chiffer

Jaspers kommt zu einer allgemeinen Wesensdeutung des Mythos und bietet somit den Hintergrund, vor welchem die nachfolgenden Texte verstanden werden können. Kennzeichnend für seinen Ansatz ist der Begriff der »Chiffer«.

In Religionen aller Völker gibt es den Kult des Lebens, dieses Stromes von Geburt und Sterben, Vernichtung und Wiedererstehung. Es gibt die Muttergöttin, die magna mater, die Kybele Kleinasiens, die Isis in Ägypten, die Durga in Indien. Sie haben Söhne, die sterben und wiederauferstehen: Adonis, Attis, Osiris. Gatten solcher Muttergöttinnen, Baal im vorderen Orient, Schiwa in Indien, haben denselben Naturcharakter.

Der Gläubige fühlt die Geborgenheit in der Blutwärme und Güte der Muttergöttin, und er fühlt das Preisgegebensein an ihre Erbarmungslosigkeit und Härte. Das Entgegengesetzte gehört zueinander. Der unendlichen Fruchtbarkeit entspricht die wilde Zerstörung, dem Heil das Unheil, dem Guten das Böse. Im rasenden Tanz des Schiwa, dem göttlichen Tanz, in den hingerissen zu werden die Wahrheit des Glaubenden ist, vereinigen sich Herrlichkeit und Entsetzen, übergewaltige Lust und schreckliche Qual, Liebe und Grausamkeit, Leben und Tod.

Ein anderes mythisches Bild: Moses auf dem Sinai. Das Volk zitterte vor den Donnerschlägen, den Blitzen und vor dem rauchenden Berg, blieb weit weg stehen und sagte zu Moses: Gott soll lieber nicht mit uns reden, sonst müssen wir sterben. Gehe du, und rede du mit uns, dann wollen wir hören. Moses stieg in das dunkle Gewölk, in dem Gott war. Und Gott sprach zu Moses. Er gab ihm die zehn Gebote. [...]

Ein drittes Beispiel des Mythos: Athene, die Göttin, von keinem Weibe geboren, sondern aus dem Kopf des Zeus, dem Vater gleich an Vernunft und Klugheit, von mächtiger Erscheinung. Aus dem Haupte des höchsten Gottes entsprungen, stand sie plötzlich da in Kriegsrüstung. Die Götter erschraken bei ihrem Anblick.

In ihr vereinen sich die Vernunft ohne Schwäche mit dem Mut ohne Übermut.

Als Achilles in maßlosem Zorn sein Schwert gegen Agamemnon zieht, ist Athene seinem innern Auge plötzlich gegenwärtig. Er wirft das Schwert in die Scheide zurück. Athene erweckt die Vernunft des Helden. Als die Mutige, nie Verzagende, steht sie dem Krieger bei in der Schlacht. Aber sie haßt den Ares, den Kriegsgott, die Lust des gedankenlosen, von Recht und Unrecht nicht wissenden Kampfes. Sie wirft diesen blöden Kriegsgott in der Schlacht mit leichter Hand zu Boden.

Sie hilft dem Mut, nicht der Wildheit, der Vernunft, nicht der Leidenschaft, dem Edlen, nicht dem Gemeinen. [...]

Aus der unermeßlichen Welt des Mythos griff ich drei Beispiele: Die Muttergöttin, Moses auf dem Sinai, die Göttin Athene.

Die Muttergöttin: Naturkulte bezeugen die Selbstauffassung des Menschen als Natur. Er ist nur Natur. In sie verschlungen teilt er Jubel und Vernichtung. Das wird später zum abstrakten Naturalismus des Nun-einmal-so-Seins und So-Geschehens.

Das Ethos des Gesetzes für die Freiheit: Die sittlichen Gesetze sind Gebote Gottes. Der Mensch begegnet ihnen in Furcht und Zittern, in Freiheit ihnen folgend durch den Bund mit Gott, in Freiheit ihnen sich versagend durch den Verrat an Gott. In späterer Zeit wird das unbedingte Gesetz zum abstrakten kategorischen Imperativ Kants: Handle so, als ob du die Welt damit hervorbringst, als ob du mitverantwortlich bist für die Welt selber, die, was sie ist, in der Weise deines Handelns zeigt.

Athene: Der Adel des Menschseins, das in ihr sein Vorbild sucht, der Mut und die Vernunft des zur Reinheit sich vollendenden Menschen. Sie ist die Göttin, nach der Athen sich nannte und der die Gesinnung der Periklesrede entsprach, als er zum Preis der in der Schlacht Gefallenen von der Größe Athens redete. In der Philosophie wird daraus der Mut der Vernunft.

In jedem dieser drei Mythengebilde wird eine Wahrheit offenbar. Das spätere Denken bewahrt die mythischen Chiffern der Herkunft seines Gehalts. Im Bewußtsein des Menschen kämpfen die Wahrheiten miteinander. Die Natur läßt das ihr fremde Gesetz der Freiheit nicht gelten und ist blind für den Adel der Athene. Das Gesetz Gottes unterwirft die Natur, verbietet die Naturkulte, die Baalskulte. Der Mut der Vernunft blickt fragend ins Antlitz der Natur und der imperativen Forderungen, nicht verwerfend, sondern sie übernehmend, aber überschreitend. [...]

Die wenigen Beispiele zeigen: Die Wahrheit der Mythen ist kein Wissen. Sie sprechen in bildgegründeten Ansprüchen und Maßstäben.

Mythos heißt dem Wortsinn nach Erzählung. Anschauliche Ereignisse und Gestalten sind sein Inhalt. Mythen sind sie, weil sie auf das Sein im Grunde weisen, oder von dorther mitgeteilt erscheinen, die Motive unserer

Existenz aussprechen. Das Unzugängliche wird in der Erzählung offenbare Erscheinung.

Da die Wirklichkeit der Mythen nicht in einem Erkenntnisinhalt liegt, wendet sich die Erforschung von Realitäten gegen den Mythos. Seine Wirklichkeit liegt allein in einem für den Sehenden gültigen Anspruch, liegt in der Lenkung des inneren Handelns.

Die Welt der Mythen ist das Schlachtfeld für den Kampf der Mächte, die durch den Mythos sprechen. In ihnen zeigen sich uns die Mächte, die uns ergreifen, denen wir dienen oder denen wir widerstehen.

In mythischen Gestalten erfährt der Mensch ein Bild seiner Möglichkeiten, sieht er, wohin sein Wesen drängt, zu Adel und Gemeinheit, unter das gebietende Ethos und in die Gewalt des Natürlichen, zur Unbedingheit und zum Bedingten.

Die Mythenwelt liegt als ein gewaltiger objektiver Tatbestand unserer Geschichte vor. Er wird Gegenstand der Forschung. Mythen werden gesammelt, beschrieben, verglichen, geordnet. Wir besitzen eine Erscheinungslehre (Phänomenologie) des Mythos, eine hisorische und ethnologische Kenntnis von Mythen in einem Umfang wie kein Zeitalter vor uns.

Erschlossen werden die Mythen aber erst, wenn wir sie verstehen. Der Mythos ist nicht schon die Erzählung als solche, sondern erst das, was darin liegt an Bedeutung. Die Bedeutung des Mythos spüren wir, ohne sie zu erkennen. Wir erleben sie, ohne sie zu wissen. Die Mythen sind wie ein unendlich wogendes Meer von Bedeutungen, die in die Tiefe des Seins und meines Seins dringen.

Die Wirklichkeit, die wir in der Sprache der Mythen erfahren, wird nur in diesen Chiffern gegenständlich, sie selber ist kein Gegenstand. Daher sind die Chiffern nicht deutbar in dem Sinne, daß wir nun in der Deutung die Wirklichkeit, die Sache selbst hätten. Die Chiffern des Mythos sind nicht Zeichen, deren Bedeutung auf andere Weise besser aussprechbar wäre. Wenn wir Mythen die anschauliche Auslegung dessen nennen, was eigentlich ist, so enthüllen sie das Geheimnis doch nur so, daß die anschauliche Enthüllung für unser Denken wiederum Geheimnis ist. Daher werden Mythen ihrer Bedeutung nach vertieft in einem forttreibenden Denken in den mythischen Bildern selber und im begrifflichen Denken. Nennen wir den ursprünglichen Mythos eine Auslegung dessen, was ist, so geschieht weiter die unabschließbare Auslegung der Auslegungen, sei es in Gestaltwandlungen der mythischen Bilder, sei es im rationalen Denken.

Die unendliche Deutbarkeit liegt in der Unendlichkeit des gehaltvollen Mythos. Künstlich gemachte Mythen dagegen sind in ihrer gemeinten Bedeutung endlich und damit erschöpft. Die ursprünglichen Mythen, die der Menschheit in dem, was ihre eigene Schöpfung scheint, zugleich geschenkt werden, gewinnen wegen ihrer unerschöpflichen Deutbarkeit bei ihrem Wandel immer nur im Übergang eines Augenblicks eine geschichtliche Gestalt, nicht im allgemeinen rationalen Deuten eine endgültige Gestalt.

Mythen

In den folgenden drei Texten wird eine geistige Bewältigung von Negativerfahrungen versucht, indem der Mythos ihre Genese klärt. Die biblische Erzählung handelt von der Erschaffung des Menschen, dem Sündenfall und der Vertreibung aus dem Paradies, steht also in der Tradition der Vorstellungen vom goldenen Zeitalter und seinem Ende. Die beiden platonischen Texte deuten die physische Mangelhaftigkeit des Menschen (Prometheus-Mythos) und seine »Zerrissenheit« in zwei Geschlechter (Eros-Mythos).

2. Altes Testament: Der Mythos vom Sündenfall

Es steht geschrieben:

(2.4) Zu der Zeit, da Gott der Herr Himmel und Erde machte, – (5) allerlei Bäume auf dem Felde waren noch nicht auf der Erde und allerlei Kraut auf dem Felde war noch nicht gewachsen, denn Gott der Herr hatte noch nicht regnen lassen auf Erden, und war kein Mensch, der das Land baute, (6) aber ein Nebel ging auf von der Erde und feuchtete das Land, – (7) da machte Gott der Herr den Menschen aus einem Erdenkloß und blies ihm ein den lebendigen Odem in seine Nase. Und also ward der Mensch ein lebendiges Wesen. (8) Und Gott der Herr pflanzte einen Garten in Eden gegen Morgen, und setzte den Menschen darein, den er gemacht hatte. (9) Und Gott der Herr ließ aufwachsen aus der Erde allerlei Bäume, lustig anzusehen und gut zu essen und den Baum der Erkenntnis des Guten und Schlechten mitten im Garten und den Baum des Lebens. (10) [. . .]

Und Gott der Herr nahm den Menschen und setzte ihn in den Garten in Eden, daß er ihn bauete und bewahrete. (16) Und Gott der Herr gebot dem Menschen und sprach: Du sollst essen von allerlei Bäumen im Garten, (17) aber von dem Baum mitten im Garten sollst du nicht essen; denn welches Tages du davon issest, wirst du des Todes sterben. (18) Und Gott der Herr sprach: Es ist nicht gut, daß der Mensch allein sei; ich will ihm eine Hilfe machen, ihm entsprechend. (19) Und Gott der Herr machte von der Erde allerlei Tiere auf dem Felde und allerlei Vögel unter dem Himmel, brachte sie zu dem Menschen, daß er sähe, wie er sie nennte; denn wie der Mensch allerlei lebendige Tiere nennen würde, so sollten sie heißen. (20) Und der Mensch gab einem jeglichen Vieh und Vogel unter dem Himmel und Tier auf dem Felde seinen Namen; aber für den Menschen ward keine Hilfe gefunden ihm entsprechend. (21) Da ließ Gott der Herr einen tiefen Schlaf fallen auf den Menschen, und er entschlief. Und nahm seiner Rippen eine und schloß die Stätte zu mit Fleisch. (22) Und Gott der Herr baute ein Weib aus der Rippe, die er von dem Menschen nahm und brachte sie ihm. (23) Da sprach der Mensch: Da ist endlich Bein von meinem Beine und Fleisch von meinem Fleische; man wird sie Männin heißen, darum daß sie vom Manne genommen ist. (24) Darum verläßt ein Mann Vater und Mutter und hängt sich an sein Weib und sie werden ein Fleisch. (25) Und sie waren beide nackt, der Mensch und sein Weib, aber sie schämten sich nicht.

(3,1) Und die Schlange war listiger als alle Tiere auf dem Felde, die Gott der Herr gemacht hatte, und sprach zu dem Weibe: Ja, sollte Gott gesagt haben, Ihr sollt nicht essen von allerlei Bäumen im Garten? (2) Da sprach das Weib zu der Schlange: Wir essen von den Früchten der Bäume im Garten; (3) aber von den Früchten der Bäume mitten im Garten hat Gott gesagt: Esset nicht davon, rührets auch nicht an, daß ihr nicht sterbet. (4) Da sprach die Schlange zu dem Weibe: Ihr werdet mitnichten des Todes sterben, (5) sondern Gott weiß, daß, welches Tages ihr davon esset, so werden eure Augen aufgetan und ihr werdet sein wie Gott und wissen was gut und schlecht ist.

(6) Und das Weib schaute an, daß von dem Baum gut zu essen wäre, und lieblich anzusehen, daß es ein lustiger Baum wäre, weil er klug machte; und nahm von der Frucht und aß, und gab ihrem Mann auch davon, und er aß. (7) Da wurden ihrer beider Augen aufgetan, und wurden gewahr, daß sie nackt waren; und flochten sich Feigenblätter zusammen und machten sich Schurze. (8) Und sie hörten die Schritte Gottes des Herrn, der im Garten ging, da der Tag kühl geworden war. Und der Mensch versteckte sich mit seinem Weibe vor dem Angesicht Gottes des Herrn unter die Bäume im Garten. (9) Und Gott der Herr rief den Menschen und sprach zu ihm: Wo bist du? (10) Und er spach: Ich hörte deine Schritte im Garten und scheute mich. (11) Und er sprach: Wer hat dir's gesagt, daß du nackt bist? Hast du nicht gegessen von dem Baum, davon ich dir gebot, du sollst nicht davon essen? (12) Da sprach der Mensch: Das Weib, das du mir zugesellt hast, gab mir von dem Baum und ich aß. (13) Da sprach Gott der Herr zum Weibe: Warum hast du das getan? Das Weib sprach: Die Schlange betrog mich also, daß ich aß. (14) Da sprach Gott der Herr zu der Schlange: Weil du solches getan hast, seist du verflucht vor allem Vieh und vor allen Tieren auf dem Felde. Auf deinem Bauche sollst du gehen, und Erde essen dein Lebenlang. (15) Und ich will Feindschaft setzen zwischen dir und dem Weibe, und zwischen deinem Samen und ihrem Samen. Derselbe soll dir den Kopf zertreten; und du wirst ihn in die Ferse stechen. (16) Und zum Weibe sprach er: Ich will dir viele Schmerzen schaffen, wenn du schwanger bist; du sollst mit Schmerzen Kinder gebären; und dein Verlangen soll nach deinem Manne sein, und er soll dein Herr sein. (17) Und zum Menschen sprach er: Dieweil du hast gehorchet der Stimme deines Weibes, und geges-

sen von dem Baume, davon ich dir gebot und sprach: Du sollst nicht davon essen, verflucht sei der Acker um deinetwillen, mit Kummer sollst du dich darauf nähren dein Lebenlang. (18) Dornen und Disteln soll er dir tragen, und sollst das Kraut auf dem Felde essen. (19) Im Schweiße deines Angesichts sollst du dein Brot essen, bis daß du wieder zu Erde werdest, davon du genommen bist. Denn du bist Erde und sollst zu Erde werden. (20) Und der Mensch hieß sein Weib Eva, darum daß sie eine Mutter ist alles Lebendigen. (21) Und Gott der Herr machte dem Menschen und seinem Weibe Röcke von Fellen und zog sie an. (22) Und Gott der Herr sprach: Siehe der Mensch ist worden als unser einer und weiß was gut und schlecht ist. Nun aber, daß er nicht ausstrecke seine Hand und breche auch von dem Baume des Lebens und esse und lebe ewiglich! (23) Da wies ihn Gott der Herr aus dem Garten Eden, daß er das Feld bauete, davon er genommen ist. (24) Und er trieb den Menschen aus und lagerte vor dem Garten in Eden den Cherub mit einem bloßen hauenden Schwert, zu bewahren den Weg zu dem Baum des Lebens.

3. Plato: Der Mythos von Prometheus

Es war also einmal eine Zeit, da gab es schon Götter, aber noch keine sterblichen Wesen. Als nun auch für diese die Zeit gekommen war, die das Schicksal für ihre Entstehung bestimmt hatte, formten die Götter sie im Schoß der Erde aus einem Gemisch von Erde und Feuer und allem, was sich mit Feuer und Erde verbinden läßt. Als sie aber im Begriffe waren, sie ans Licht zu bringen, gaben sie Prometheus und Epimetheus den Auftrag, diese Wesen auszustatten und einem jeglichen die Fähigkeiten zu verleihen, die ihm zukommen. Epimetheus erbat sich von Prometheus, diese Zuteilung selbst vorzunehmen. »Wenn ich damit fertig bin«, sagte er, »so prüfe mein Werk«. So überredete er ihn und begann mit der Verteilung. Dabei verlieh er den einen Stärke, aber keine Schnelligkeit, und die Schwächeren stattete er dafür mit Schnelligkeit aus. Den einen schenkte er Waffen, den anderen gab er eine wehrlose Natur und dachte für sie eine andere Fähigkeit aus, mit der sie sich erhalten konnten. Denjenigen Wesen, die er in Kleinheit gehüllt hatte, gab er Flügel, mit denen sie fliehen konnten, oder eine unterirdische Behausung; den anderen, die er zur Größe ausdehnte, gab er gerade darin die Möglichkeit zur Rettung, und mit allen Gaben schaffte er so einen Ausgleich. Das aber richtete er ein aus Vorsorge, damit keine ihrer Gattungen vertilgt werde. Nachdem er sie aber hinreichend vor der gegenseitigen Ausrottung geschützt hatte, dachte er auch einen Schutz für sie aus gegen die Jahreszeiten, die Zeus uns sendet; er umkleidete sie mit dichten Haaren und einer festen Haut, die ausreichten, um die Kälte abzuhalten, die aber auch die Hitze abwehren und, wenn sie zur Ruhe gingen, einem jeden

Lebewesen als eigene und selbstgewachsene Decke dienen konnten. Unten an den Füßen versah er die einen mit Hufen, die anderen mit harter und undurchbluteter Haut. Ferner verschaffte er jedem seine besondere Nahrung, den einen Gras aus der Erde, den andern Baumfrüchte, wieder anderen Wurzeln; es gibt auch solche, denen er zur Nahrung andere Tiere zu fressen gab. Diesen verlieh er nur eine geringe Nachkommenschaft, ihren Opfern dagegen eine sehr zahlreiche, um so ihre Art zu erhalten.

Weil nun aber Epimetheus nicht eben sehr gescheit war, hatte er, ohne es zu merken, alle Fähigkeiten für die vernunftlosen Wesen aufgebraucht; so blieb ihm als einziges das Menschengeschlecht, das noch nicht ausgestattet war, und er wußte keinen Rat, was er damit anfangen sollte.

Wie er noch in Verlegenheit ist, kommt Prometheus und will die Verteilung in Augenschein nehmen, er sieht, daß die übrigen Lebewesen mit allem angemessen ausgestattet sind, daß aber der Mensch nackt, ohne Schuhe, ohne Decken und ohne Waffen geblieben ist. Und schon war der schicksalhafte Tag da, an dem auch der Mensch aus der Erde ans Licht treten sollte. In seiner Verlegenheit, welches Mittel zur Rettung und Erhaltung er für den Menschen finden könnte, stiehlt er dem Hephaistos und der Athena ihr kunstreiches Handwerk samt dem Feuer – denn es war unmöglich, es ohne Feuer zu erwerben oder nutzbar zu machen – und schenkt beides dem Menschen. Die Kunst, sein Leben zu führen, erhielt also der Mensch auf diese Weise: die Staatskunst dagegen besaß er noch nicht. Denn diese lag bei Zeus. Prometheus wiederum hatte keine Möglichkeit mehr, in die Hochburg, die Behausung des Zeus hineinzukommen; abgesehen davon, daß Zeus furchterregende Wachen davor aufgestellt hatte. Doch in die gemeinsame Werkstatt der Athena und des Hephaistos, wo sie ihren kunstvollen Liebhabereien nachgingen, schleicht er sich ein, stiehlt die Handwerkskunst des Hephaistos, die sich des Feuers bedient, und die andere der Athena und schenkt sie dem Menschen. Von da an besitzt der Mensch die nötigen Hilfsmittel zum Leben; den Prometheus aber traf später, so erzählt man sich, die Strafe für seinen Diebstahl.

4. Plato: Der Mythos von Eros

Allerdings, habe Aristophanes gesagt, habe ich im Sinne, ganz anders zu reden, als ihr beide, du und Pausanias, gesprochen habt. Denn mir scheinen die Menschen durchaus der wahren Kraft des Eros nicht innegeworden zu sein. Denn wären sie es: so würden sie ihm die herrlichsten Heiligtümer und Altäre errichten und die größten Opfer bereiten, und es würde nicht wie jetzt gar nichts dergleichen für ihn geschehen, dem es doch ganz vorzüglich geschehen sollte. Denn er ist der menschenfreundlichste unter den Göttern, da er der Menschen Beistand und Arzt ist in demjenigen, aus dessen Heilung die größte Glückseligkeit für das menschliche Geschlecht erwachsen würde. Ich also will versuchen, euch seine Kraft zu erlären, und ihr sollt dann die Lehrer der übrigen sein. Zuerst aber müßt ihr die menschliche Natur und deren Begegnisse recht kennenlernen. Nämlich unsere ehemalige Natur war nicht dieselbe wie jetzt, sondern eine ganz andere. Denn erstlich gab es drei Geschlechter von Menschen, nicht wie jetzt nur zwei, männliches und weibliches, sondern es gab noch ein drittes dazu, welches das gemeinschaftliche war von diesen beiden, dessen Name auch noch übrig ist, es selbst aber ist verschwunden. Mannweiblich nämlich war damals das eine, Gestalt und Benennung zusammengesetzt aus jenen beiden, dem männlichen und weiblichen, jetzt aber ist es nur noch ein Name, der zum Schimpf gebraucht wird. Ferner war die ganze Gestalt eines jeden Menschen rund, so daß Rücken und Brust im Kreise herumgingen. Und vier Hände hatte jeder und Schenkel ebensoviel wie Hände, und zwei Angesichter auf einem kreisrunden Halse einander genau ähnlich, und einen gemeinschaftlichen Kopf für beide einander gegenüberstehende Angesichter, und vier Ohren, auch zweifache Schamteile, und alles übrige wie es sich hieraus ein jeder weiter ausdenken kann. Er ging aber nicht nur aufrecht wie jetzt, nach welcher Seite er wollte, sondern auch, wenn er schnell wohin strebte, so konnte er, wie die Radschlagenden jetzt noch, indem sie die Beine gerade im Kreise herumdrehen, das Rad schlagen, ebenso auf seine acht Gliedmaßen gestützt sich sehr schnell im Kreise fortbewegen. Diese drei Geschlechter gab es aber deshalb, weil das männliche ursprünglich der Sonne Ausgeburt war und das weibliche der Erde, das an beidem teilhabende aber des Mondes, der ja auch selbst an beiden teilhat. Und kreisförmig waren sie selbst und ihr Gang, um ihren Erzeugern ähnlich zu sein. An Kraft und Stärke nun waren sie gewaltig und hatten auch große Gedanken, [...] von ihnen ist zu verstehen, daß sie sich einen Zugang zum Himmel bahnen wollten, um die Götter anzugreifen.

Zeus also und die anderen Götter ratschlagten, was sie ihnen tun sollten, und wußten nicht, was. Denn es war weder tunlich, sie zu töten und, wie die Giganten sie niederdonnernd, das ganze Geschlecht wegzuschaffen, denn so wären ihnen auch die Ehrenbezeugungen und die Opfer der Menschen mit weggeschaft worden, noch konnten sie sie weiter freveln lassen. Mit Mühe endlich hatte sich Zeus etwas ersonnen und sagte: Ich glaube nun ein Mittel zu haben, wie es noch weiter Menschen geben kann und sie doch aufhören müssen mit ihrer Ausgelassenheit, wenn sie nämlich schwächer geworden sind. Denn jetzt, sprach er, will ich sie jeden in zwei Hälften zerschneiden, so werden sie schwächer sein und doch zugleich uns nützlicher, weil ihrer mehr geworden sind, und aufrecht sollen sie gehen auf zwei Beinen. Sollte ich aber merken, daß sie noch weiter freveln und nicht Ruhe halten wollen, so will ich sie, sprach er, noch einmal zerschneiden, und sie mögen dann auf einem Beine fortkommen wie Kreisel. Dies gesagt, zerschnitt er die Menschen in zwei Hälften, wie wenn man Früchte zerschneidet, um sie einzumachen, oder wenn sie Eier mit Haaren zerschneiden. Sobald er aber einen zerschnitten hatte, befahl er dem Apollon, ihm das Gesicht und den halben Hals herumzudrehen nach dem Schnitte hin, damit der Mensch, seine Zerschnittenheit vor Augen habend, sittsamer würde, und das übrige befahl er ihm auch zu heilen. Dieser also drehte ihm das Gesicht herum, zog ihm die Haut von allen Seiten über das, was wir jetzt den Bauch nennen, herüber, und wie wenn man einen Beutel zusammenzieht, faßte er es in eine Mündung zusammen und band sie mitten auf dem Bauche ab, was wir jetzt den Nabel nennen. Die übrigen Runzeln glättete er meistenteils aus und fügte die Brust einpassend zusammen, mit einem solchen Werkzeuge, wie womit die Schuster über dem Leisten die Falten aus dem Leder ausglätten, und nur wenige ließ er stehen um den Bauch und Nabel, zum Denkzeichen des alten Unfalls. Nachdem nun die Gestalt entzweigeschnitten war, sehnte sich jedes nach seiner andern Hälfte, und so kamen sie zusammen, umfaßten sich mit den Armen und schlangen sich ineinander, und über dem Begehren zusammenzuwachsen starben sie aus Hunger und sonstiger Fahrlässigkeit, weil sie nichts getrennt voneinander tun wollten. War nun die eine Hälfte tot und die andere blieb übrig, so suchte sich die übriggebliebene eine andere und umschlang sie, mochte sie nun auf die Hälfte einer ehemaligen ganzen Frau treffen, was wir jetzt eine Frau nennen, oder auf die eines Mannes, und so kamen sie um. Da erbarmte sich Zeus und gab ihnen ein anderes Mittel an die Hand, indem er ihnen die Schamteile nach vorne verlegte, denn vorher trugen sie auch diese nach außen und erzeugten nicht eines in dem andern, sondern in die Erde wie die Zikaden. Nun aber verlegte er sie ihnen nach vorne und bewirkte vermittels ihrer das Erzeugen ineinander, in dem Weiblichen durch das Männliche, deshalb, damit in der Umarmung, wenn der Mann eine Frau träfe, sie zugleich erzeugten und Nachkommenschaft entstände, wenn aber ein Mann den andern, sie doch eine Befriedigung hätten durch ihr Zusammensein und erquickt sich zu ihren Geschäften wenden und, was sonst zum Leben gehört, besorgen könnten. Von so langem her also ist die Liebe zueinander den Menschen angeboren, um die ursprüngliche Natur wiederherzustellen, und versucht aus zweien eins zu machen und die menschliche Natur zu heilen.

Jeder von uns ist also ein Stück von einem Menschen, da wir ja zerschnitten, wie die Schollen, aus einem zwei geworden sind. Also sucht nun immer jedes sein anderes Stück.

5. Albert Camus: Der Mythos von Sisyphos

Ein Beispiel für moderne Selbstdeutung einer menschlichen Grunderfahung ist Camus' Interpretation eines mythischen Bildes, der »Sisyphos-Arbeit«, als Ausdruck des Absurden.

Die Götter hatten Sisyphos dazu verurteilt, unablässig einen Felsblock einen Berg hinaufzuwälzen, von dessen Gipfel der Stein von selbst wieder hinunterrollte. Sie hatten mit einiger Berechtigung bedacht, daß es keine fürchterlichere Stafe gibt als eine unnütze und aussichtslose Arbeit.

Wenn man Homer Glauben schenken will, war Sisyphos der weiseste und klügste unter den Sterblichen. Nach einer anderen Überlieferung jedoch betrieb er das Gewerbe eines Straßenräubers. Ich sehe darin keinen Widerspruch. Über die Gründe, weshalb ihm in der Unterwelt das Dasein eines unnützen Arbeiters beschert wurde, gehen die Meinungen auseinander. Vor allem wirft man ihm eine gewisse Leichtfertigkeit im Umgang mit den Göttern vor. Er gab ihre Geheimnisse preis. Egina, die Tochter des Asopos, wurde von Jupiter entführt. Der Vater wunderte sich über ihr Verschwinden und beklagte sich darüber bei Sisyphos. Der wußte von der Entführung und wollte sie Asopos unter der Bedingung verraten, daß er der Burg von Korinth Wasser verschaffte. Den himmlischen Blitzen zog er den Segen des Wassers vor. Dafür wurde er in der Unterwelt bestraft. Homer erzählt uns auch, Sisyphos habe den Tod in Ketten gelegt. Pluto konnte den Anblick seines stillen, verödeten Reiches nicht ertragen. Er verständigte den Kriegsgott, der den Tod aus den Händen seines Überwinders befreite.

Außerdem heißt es, Sisyphos wollte, als er zum Sterben kam, törichterweise die Liebe seiner Frau erproben. Er befahl ihr, seinen Leichnam unbestattet auf den Markt zu werfen. Sisyphos kam in die Unterwelt. Dort wurde er von ihrem Gehorsam, der aller Menschenliebe widersprach, derart aufgebracht, daß er von Pluto die Erlaubnis erwirkte, auf die Erde zurückzukehren und seine Frau zu züchtigen. Als er aber diese Welt noch einmal geschaut, das Wasser und die Sonne, die warmen Steine und das Meer wieder geschmeckt hatte, wollte er nicht mehr ins Schattenreich zurück. Alle Aufforderungen, Zornausbrüche und Warnungen fruchteten nichts. Er lebte noch viele Jahre am Golf, am leuchtenden Meer, auf der lächelnden Erde und mußte erst von den Göttern festgenommen werden. Merkur packte den Vermessenen beim Kragen, entriß ihn seinen Freunden und brachte ihn gewaltsam in die Unterwelt zurück, in der sein Felsblock schon bereitlag.

Kurz und gut: Sisyphos ist der Held des Absurden. Dank seinen Leidenschaften und dank seiner Qual. Seine Verachtung der Götter, sein Haß gegen den Tod und seine Liebe zum Leben haben ihm die unsagbare Marter aufgewogen, bei der sein ganzes Sein sich abmüht und nichts zustande bringt. Damit werden die Leidenschaften dieser Erde bezahlt. Über Sisyphos in der Unterwelt wird uns nichts weiter berichtet. Mythen sind dazu da, von der Phantasie belebt zu werden. So sehen wir nur, wie ein angespannter Körper sich anstrengt, den gewaltigen Stein fortzubewegen, ihn hinaufzuwälzen und mit ihm wieder und wieder einen Abhang zu erklimmen; wir sehen das verzerrte Gesicht, die Wange, die sich an den Stein schmiegt, sehen, wie eine Schulter sich gegen den erdbedeckten Koloß legt, wie ein Fuß ihn stemmt und der Arm die Bewegung aufnimmt, wir erleben die ganz menschliche Selbstsicherheit zweier erdbeschmutzer Hände. Schließlich ist nach dieser langen Anstrengung (gemessen an einem Raum, der keinen Himmel, und an einer Zeit, die keine Tiefe kennt) das Ziel erreicht. Und nun sieht Sisyphos, wie der Stein im Nu in jene Tiefe rollt, aus der er ihn wieder auf den Gipfel wälzen muß. Er geht in die Ebene hinunter.

Auf diesem Rückweg, während dieser Pause, interessiert mich Sisyphos. Ein Gesicht, das sich so nahe am Stein abmüht, ist selber bereits Stein! Ich sehe, wie dieser Mann schwerfälligen, aber gleichmäßigen Schrittes zu der Qual hinuntergeht, deren Ende er nicht kennt. Diese Stunde, die gleichsam ein Aufatmen ist und ebenso zuverlässig wiederkehrt wie sein Unheil, ist die Stunde des Bewußtseins. In diesen Augenblicken, in denen er den Gipfel verläßt und allmählich in die Höhlen der Götter entschwindet, ist er seinem Schicksal überlegen. Er ist stärker als sein Fels.

Dieser Mythos ist tragisch, weil sein Held bewußt ist. Worin bestünde tatsächlich seine Strafe, wenn ihm bei jedem Schritt die Hoffnung auf Erfolg neue Kraft gäbe? Heutzutage arbeitet der Werktätige sein Leben lang unter gleichen Bedingungen, und sein Schicksal ist genauso absurd. Tragisch ist es aber nur in den wenigen Augenblicken, in denen der Arbeiter bewußt wird. Sisyphos, der ohnmächtige und rebellische Prolet der Götter, kennt das ganze Ausmaß seiner unseligen Lage: über sie denkt er während des Abstiegs nach. Das Wissen, das seine eigentliche Qual bewirken sollte, vollendet gleichzeitig seinen Sieg. Es gibt kein Schicksal, das durch Verachtung nicht überwunden werden kann.

Wenn der Abstieg so manchen Tag in den Schmerz führt, er kann doch auch in der Freude enden. Damit wird nicht zuviel behauptet. Ich sehe wieder Sisyphos vor mir, wie er zu seinem Stein zurückkehrt und der Schmerz von neuem beginnt. Wenn die Bilder der Erde zu sehr im Gedächtnis haften, wenn das Glück zu dringend mahnt, dann steht im Herzen des Menschen die Trauer auf: das ist der Sieg des Steins, ist der Stein selber. Die gewaltige Not wird schier unerträglich. Unsere Nächte von Gethsemane sind das. Aber die niederschmetternden Wahrheiten verlieren an Gewicht, sobald sie erkannt werden. So gehorcht Ödipus zunächst unwissentlich dem Schicksal. Erst mit Beginn seines Wissens hebt seine Tragödie an. Gleichzeitig aber erkennt er in seiner Blindheit und Verzweiflung, daß ihn nur noch die kühle Hand eines jungen Mädchens mit der Welt verbindet. Und nun fällt ein maßloses Wort: »Allen Prüfungen zum Trotz – mein vorgerücktes Alter und die Größe meiner Seele sagen mir, daß alles gut ist.« So formuliert der Ödipus des Sophokles (wie Kirilow bei Dostojewski) den Sieg des Absurden. Antike Weisheit verbindet sich mit modernem Heroismus.

Man entdeckt das Absurde nicht, ohne in die Versuchung zu geraten, irgendein Handbuch des Glücks zu schreiben. »Was! Auf so schmalen Wegen . . .?« Es gibt aber nur eine Welt. Glück und Absurdität entstammen ein und derselben Erde. Sie sind untrennbar miteinander verbunden. Irrtum wäre es, wollte man behaupten, daß das Glück zwangsläufig der Entdeckung des Absurden entspringe. Wohl kommt es vor, daß das Gefühl des Absurden dem Glück entspringt. »Ich finde, daß alles gut ist«, sagt Ödipus, und dieses Wort ist heilig. Es wird in dem grausamen und begrenzten Universum des Menschen laut. Es lehrt, daß noch nicht alles erschöpft ist, daß noch nicht alles ausgeschöpft wurde. Es vertreibt aus dieser Welt einen Gott, der mit dem Unbehagen und mit der Vorliebe für nutzlose Schmerzen in sie eingedrungen war. Es macht aus dem Schicksal eine menschliche Angelegenheit, die unter Menschen geregelt werden muß.

Darin besteht die ganze verschwiegene Freude des Sisyphos. Sein Schicksal gehört ihm. Sein Fels ist seine Sache. Ebenso läßt der absurde Mensch, wenn er seine Qual bedenkt, alle Götzenbilder schweigen. Im Universum, das plötzlich wieder seinem Schweigen anheimgegeben ist, werden die tausend kleinen, höchst verwunderten Stimmen der Erde laut. Unbewußte, heimliche Rufe, Aufforderungen aller Gesichter bilden die unerläßliche Kehrseite und den Preis des Sieges. Ohne Schatten gibt es kein Licht; man muß auch die Nacht kennenlernen. Der absurde Mensch sagt Ja; und seine Mühsal hat kein Ende mehr. Wenn es ein persönliches Geschick gibt, dann gibt es kein übergeordnetes Schicksal oder zumindest nur eines, das er unheilvoll und verächtlich findet. Darüber hinaus weiß er sich als Herr seiner Zeit. Gerade in diesem Augenblick, in dem der Mensch sich wieder seinem Leben zuwendet (ein Sisyphos, der zu seinem Stein zurückkehrt), bei dieser leichten Drehung betrachtet er die Reihe unzusammenhängender Taten, die sein Schicksal werden, seine ureigene Schöpfung, die in seiner Erinnerung geeint ist und durch den Tod alsbald besiegelt wird. Überzeugt von dem rein menschlichen Ursprung alles Menschlichen, ist er also immer unterwegs – ein Blinder, der sehen möchte und weiß, daß die Nacht kein Ende hat. Der Stein rollt wieder.

Ich verlasse Sisyphos am Fuße des Berges! Seine Last findet man immer wieder. Nur lehrt Sisyphos uns die größere Treue, die die Götter leugnet und die Steine wälzt. Auch er findet, daß alles gut ist. Dieses Universum, das nun keinen Herrn mehr kennt, kommt ihm weder unfruchtbar noch wertlos vor. Jedes Gran dieses Steins, jeder Splitter dieses durchnächtigten

Berges bedeutet allein für ihn eine ganze Welt. Der Kampf gegen Gipfel vermag ein Menschenherz auszufüllen. Wir müssen uns Sisyphos als einen glücklichen Menschen vorstellen.

III. Kapitel: Selbstverständnis I: Phänomene des Selbstbezugs

Für das menschliche Selbstverständnis ist die Klärung der Frage entscheidend, ob der Unterschied zwischen Mensch und Tier nur ein Grad- oder ein Wesensunterschied ist, ob der Mensch nur quantitativ mehr Fähigkeiten besitzt oder qualitativ andere, ob er das letzte Glied einer durchgängigen Evolutionskette bildet oder ihm eine Sonderstellung zukommt.

1. Max Black: Was macht den Menschen zum Menschen?

Was – wenn es überhaupt etwas derartiges gibt – unterscheidet die Menschen von allen anderen Lebewesen? Was macht die Menschen eigentlich zu Menschen?

Es wäre naiv, irgendeine einfache Antwort der Art zu erwarten »Der Mensch ist ein Soundso«. Darwin und seine Nachfolger haben die theologische Kluft zwischen dem Menschen als einem moralisch Handelnden und der bloßen tierischen Schöpfung überwunden. Wir suchen überall nach biologischen Zusammenhängen und wir finden wenig Gründe, uns wegen eines eingebildeten moralischen Vorzugs zu schmeicheln. Im Gegenteil, man ist versucht, den Menschen einfach als den grausamsten, wenn auch intelligentesten Vertreter der Primaten zu betrachten.

Dennoch, die Menschen sind die einzigen Lebewesen, die über ihr Dasein und Sosein Neugierde empfinden und die Vergnügen an einfachen Antworten auf unmögliche Fragen haben. Wollen wir trotzdem das Fragespiel der Art »Was ist der Mensch?« fortsetzen, so können wir aus einer großen Zahl traditionell gegebener Antworten auswählen: der Mensch ist das werkzeuggebrauchende Wesen *(homo faber)*, das soziale Wesen *(zoon politikon)*, das einzige Lebewesen, das Scham empfindet, der einzige Erfinder von Göttern, die nach seinem eigenen Bild geschaffen sind, das einzige Säugetier, das über Witze lachen kann, das lügen und rechnen kann.

Viele dieser Antworten verwandeln einen Gradunterschied in eine angebliche Wesensunterscheidung: man hat gefunden, daß sogenannte »niedere« Tiere Werkzeuge gebrauchen; viele Tiere leben in hochorganisierten Gemeinschaften; andere zeigen Anzeichen von ästhetischen Gefühlen gegenüber ihrer Umgebung. Aber trotzdem, Diplomatie, Moralität, Wissenschaft, Religion und andere derartige »höhere« Tätigkeiten sind ohne Sprache undenkbar. Es wäre eine überraschende Entdeckung bei Insekten oder Fischen, bei Vögeln oder Affen, die Fähigkeiten miteinander zu sprechen zu finden.

Allerdings ist es bekannt, daß der Dschungel und die Prärien – wie wir jetzt wissen sogar die Ozeane – voller Geräusche sind: Pfiffe und Schreie, Grunzen und Quietschen, Vogelrufe und Radarsignale der Fledermäuse. Die im Entwicklungsstadium befindliche Wissenschaft der »tierischen Kommunikation« bietet viele interessante Informationen, die wir zu gegebener Zeit berücksichtigen sollten. Tierische Signale – mögen sie ein noch so interessantes Forschungsgebiet sein – unterscheiden sich jedoch deutlich von der menschlichen Sprache.

Der Mensch ist das einzige Lebewesen, das sprechen kann *(homo loquens)*. Allgemeiner gesprochen, er ist das einzige Wesen, das *Symbole* gebrauchen kann (Wörter, Bilder, Zeichnungen, Ziffern usw.). Er allein kann die Kluft zwischen einer Person und einer anderen überbrücken, indem er Gedanken, Gefühle, Wünsche, Verhaltensweisen, gemeinsame Traditionen, Vereinbarungen, das Wissen und den Aberglauben seiner Kultur vermittelt; er ist das einzige Lebewesen, das wirklich *verstehen* und *mißverstehen* kann. Von dieser wesentlichen Fähigkeit hängt alles ab, was wir Zivilisation nennen. Ohne diese Fähigkeit wären Vorstellungskraft, Denken – sogar Selbsterkenntnis – unmöglich.

Helmuth Plessner und Karl Löwith

Die aristotelische Definition des Menschen als sprechendes Wesen ist durch die Verhaltensforschung in jüngster Zeit relativiert worden. Dabei wurde die Definition von Sprache selber zum Problem. Plessner analysiert menschliche Sprache im Vergleich zur tierischen, während Löwith von vornherein eine spezifisch menschliche Fähigkeit betont: das In-Frage-stellen.

2. Helmuth Plessner: Mensch und Sprache

Zunächst ist der Mensch ein sprechendes Wesen. Sprache geht nicht nur auf Mitteilung aus, die kennen wir auch bei Bienen und Ameisen, bei Delphinen und wahrscheinlich bei allen gesellig lebenden Tieren, deren Zeichengebung und Verständnisart uns großenteils noch unbekannt sind. Wie Erregung und Ausdruck, Miterregung des Partners durch den Ausdruck und Zeichengebung miteinander verbunden sind, wie die eine Komponente die andere bedingt, das ist vermutlich großer Variabilität unterworfen und darf nicht anthropomorph, d. h. nach der sonderbaren Struktur sprachlicher Mitteilung gedeutet werden.

Sprechen ist in erster Linie Sagen, d. h. etwas sagen. Warum sprechen die Tiere nicht? Humboldt gibt die Antwort: weil sie nichts zu sagen haben.

Was schon Aristoteles wußte, der den Menschen als *zoon logon echon* definierte. Logos wurde traditionellerweise mit Vernunft übersetzt, lateinisch mit Ratio, doch läßt das Wort deutlich seine Verbindung mit *legein* (sagen, sprechen) durchscheinen. Und im Holländischen ist die Verbindung auch ausdrücklich festgehalten. Hier heißt Vernunft »Rede«.

Selbstverständlich ist in der Fähigkeit des Sagens das Vermögen zur *Abstraktion* mit eingeschlossen, das sich in der Bildung von Begriffen manifestiert. Einer gewissen Abstraktion sind Tiere fähig, d. h. sie können sich vom einzelnen Eindruck lösen und Gestalten, Figuren, Rhythmen erfassen. Die alte Vorstellung, daß das Tier gewissermaßen einem Chaos von Impressionen ausgeliefert sei, hat im Fortgang der Verhaltensforschung allen Boden verloren. Gerade weil ihnen begriffliche Abstraktion, die sich an Wortbildung anlehnt, versagt ist, brauchen sie eine, gegenüber der menschlichen Orientierungsart in der Umwelt kraft sprachlicher Artikulationen andersartige Orientierungsart, die der unseren an Reaktionsgeschwindigkeit, Witterungsfeinheit, Komplexerfassung oft überlegen ist, ja überlegen sein muß.

Sprechen artikuliert sich in Worten und deren Reihung. Worte sind also als Klötzchen anzusehen, die einen Bedeutungskern haben, der zwar nicht starr fixiert ist und sich der Reihung anschmiegt, aber bei aller Elastizität und Dehnbarkeit doch eine gewisse Starrheit bewahrt. Worte besagen eben etwas, d. h. sie meinen eine isolierbare Größe, die sinnlich oder nicht sinnlich verifizierbar sein kann. Sprache hat also eine körnige Struktur. Das einzelne Korn, das Wort, zielt auf etwas, das es besagt. An ihm wird faßbar, was wir Objektivierung, Vergegenständlichung, Versachlichung nennen. Dank der Verbalisierung gewinnt der Zugriff auf die gemeinte Sache an Stabilität und Manipulierbarkeit, welche Bildung von syntaktischen Strukturen in Form von Reihung erlaubt. Der Sprechende erreicht damit eine unvergleichliche Unabhängigkeit nicht nur von der jeweiligen Situation, in der er sich gerade befindet, sondern eine Unabhängigkeit von jeder Art Situationsbindung, der er als Körper gleichwohl ausgeliefert ist.

Auch Tiere kennen in ihrer Umwelt die Charaktere der Stabilität und Instabilität, vertrauen sich den Medien ihrer »natürlichen« Umgebung »richtig« an und lernen, im unvertrauten Milieu sich dessen Dingen entsprechend zu benehmen. Diese Art praktisch-umgänglicher Sach-Adäquatheit können sie beherrschen und müssen das auch. Der Panther setzt mit einer gewissen Schätzung des Abstands, der ihn von seiner Beute trennt, zum Sprung an. Vögel finden ihr Nest, Bienen merken sich die Stelle, an der ihr mittlerweile vielleicht nur geringfügig verschobener Stock stand. Das alles hat aber mit Vergegenständlichung der Umweltdinge nichts zu tun. Sie ist einem adäquaten Benehmen zwar äquivalent – wo kämen sonst die Tiere hin? – aber nicht gleich. Versachlichen kann nur ein sprachmäßiges Lebewesen.

Nur im Vorbeigehen sei erwähnt, daß die Verbalisierung, so hilfreich sie auch der Vergegenständlichung und damit der Emanzipation des Menschen in all seiner Situationsgebundenheit ist, den Ausdruck des Menschen, d. h. seine unmittelbaren Äußerungen ebenso wie sein durch eben die sprachliche Distanzierung ermöglichtes Denken zwiespältig beeinflußt. Die körnige Struktur der Verbalisierung, d. h. ihre Angewiesenheit auf Worte, deren Dehnbarkeit als Träger von Bedeutung nun einmal ihre Grenzen hat, hemmt die strömende Erregung nicht weniger als den Fluß der Gedanken, Gefühle und Anschauungen, die sich, wie wir richtig sagen, nicht in Worten fassen lassen, obwohl sie dem Medium der Verbalisierung verdankt werden. Erregt sind auch Tiere in Angst, Feindschaft, Schrecken, Freude, Sympathie, Gier. Aber Gefühlstiefe, z. B. in Liebe und Haß, bildet sich nur da, wo Erregungen am Konstrastmittel der Sprache zur Abhebung kommen. Nichts gegen die Genialität dieses Instruments, aber es bleibt ein solches, das nach Handhabung verlangt und auch den größten Meister in dieser Kunst in eine Zwangsjacke schnürt, ihm Fallen stellt, Grenzen setzt, über die er allenfalls verstummend hinüberwinkt. Das Sagbare wirft den Schatten des Unsagbaren. *Jede Sprache ist ein Gitter,* durch dessen Stäbe wir als Gefangene in ein illusionäres Draußen schauen. Jede Übersetzung ist ein Verrat am Original.

Die Verhaltensforschung hat sich die größte Mühe gegeben, wenigstens bei den Anthropoiden eine Art Sprache nachzuweisen, ist aber nie über die Fixierung eines spezifischen Lautinventars hinausgekommen. Mehrere Forscher haben den experimentellen Weg eingeschlagen, nämlich Schimpansenbaby und Menschenbaby im gleichen Milieu aufgezogen, um die Grenze der Beeinflußbarkeit durch die menschliche Entwicklung zu ermitteln. Dabei stellt sich heraus, daß das Menschenbaby schon sehr früh mit Lauten, die es selber produziert, spielt, während das Schimpansenbaby niemals babbelt und auch nie zur eigentlichen Wortbildung kommt, die beim Menschen mit eineinhalb Jahren anfängt. Auf einfache Worte als Signale reagiert das Schimpansenkind, zumal in dem ihm vertrauten, auch akustisch vertraut gewordenen Milieu. Aber es kommt über dieses Stadium nicht hinaus.

3. Karl Löwith: Mensch und Distanz

Der Mensch ist ein Sprecher, weil er ein Frager ist. Das Tier kann nicht reden, weil es nicht fragen kann. Dieses Fragekönnen, welches das antwortende Ja- und Neinsagen hervorruft, ist so fundamental für unsere mitweltliche Existenz, daß es auch schon die Antwort auf die Frage nach der Natur des Menschen in gewisser Weise vorwegnimmt. Was für eine Verfassung des Menschen ist in diesem Fragenkönnen beschlossen?

Nach etwas fragen und es damit in Frage stellen, kann nur, wer *über Gegebenes hinaus* fragt. Wer etwas fraglos hinnimmt, kann es nicht suchend und untersuchend in Frage stellen. In Frage stellen läßt sich nur das, wovon man *Abstand* genommen hat. Wer aber fähig ist, von aller Naturgegebenheit, auch seiner eigenen, Abstand zu nehmen, *ist* nicht eindeutig eine Natur, sondern *hat* sie auf eine mehrdeutige Weise – in den von Natur aus gesetzten Grenzen. Abstand nehmen besagt, daß man die fraglose Vorgegebenheit seiner selbst und der Welt preisgegeben hat, indem man sich von der Welt und sich selbst *entfernt* hat. Ohne eine solche entfernende Abstandnahme gibt es keine Welteröffnung. Jede menschliche Handlung setzt als ein Verhalten zu ... eine Entfernung von ... voraus. Dies unterscheidet auch tierische Kundgabe von menschlicher Mitteilung. Tiere wie Menschen können einen Schmerz unmittelbar wortlos äußern, aber nur der Mensch kann auch sagen, was er leidet, und damit von sich und seinem Schmerz Abstand nehmen. In dieser alles menschliche Verhalten kennzeichnenden Abständigkeit liegt die Möglichkeit der *Vergegenständlichung* dessen, wozu man sich verhält. Wer sich aber der Welt und sich selbst kraft eines solchen entfernenden Abstandnehmens vergegenständlichend gegenüberstellt, der hat sich damit der Welt und sich selbst *entfremdet*. Als ein Fremdling kann und muß sich der Mensch in die Welt wie in etwas Anderes und Fremdes einhausen, um im Anderssein bei sich selbst sein zu können. Aus dem Abstand der Entfremdung kann der Mensch allem, was ist, *näher* kommen und sich das scheinbar schon Vertraute als ein Befremdliches *aneignen*. Wäre der Mensch unfähig, sich von der ihn durchdringenden Natur und umfangenden Welt bis zu ihrer Befremdlichkeit zu entfernen, wäre er pflanzenhaft mit der Erde zusammengewachsen und bodenständig oder tierisch einer spezifischen Umwelt verhaftet, so könnte er sich weder zu sich und zur Welt verhalten, noch sich und die Welt nach dem, was sie sind, befragen. Die Möglichkeit der Entfremdung vom Nächstgewohnten, vom Hergebrachten und Selbstverständlichen, ... gehört zur Natur des alles in Frage stellenden Menschen. Das Allbekannte kommt damit allererst zur Erkenntnis. Tiere kennen ihre Umwelt auf ihre Weise vermutlich sehr viel besser und genauer .. als wir, aber sie erkennen sie nicht, weil sie weder sich selbst noch ihre Umwelt abständig wie etwas Fremdes in Frage stellen und besprechen können.

Der Mensch hat nicht nur durch die Sprache zur Welt, sondern auch zur Sprache selbst ein abständiges Verhältnis; er *hat* sie, aber *ist* sie nicht einfachhin. Er kann sich, von etwas sprechend, zu seiner eigenen Rede wie zu etwas anderem verhalten.[...] Er kann mit ihr spielen und dieses Spiel ernst nehmen, so daß sich Tiefsinn und Unsinn der Worte verwirren.

4. Max Scheler: Mensch und Geist

Scheler benützt die traditionell wohl bekannteste Unterscheidung zwischen Mensch und Tier, indem er den Menschen als Geistwesen definiert, allerdings dabei eine eigenwillige Darstellung von »Geist« vorträgt.

Hier aber erhebt sich nun die für unser ganzes Problem entscheidende Frage: Besteht dann, wenn dem Tiere bereits Intelligenz zukommt, überhaupt noch *mehr* als ein nur gradueller Unterschied zwischen Mensch und Tier – besteht dann noch ein *Wesensunterschied?* Oder aber gibt es über die bisher behandelten Wesensstufen hinaus noch etwas ganz anderes im Menschen, ihm spezifisch Zukommendes, was durch Wahl und Intelligenz überhaupt nicht getroffen und erschöpft ist?

Hier scheiden sich die Wege am schärfsten. Die einen wollen dem Menschen Intelligenz und Wahl vorbehalten und sie dem Tiere absprechen: sie erkennen zwar einen überquantitiven Unterschied, einen Wesensunterschied an, behaupten ihn aber da, wo nach meiner Ansicht kein Wesensunterschied vorliegt. Die anderen, insbesondere alle Evolutionisten der Darwin- und Lamarckschule, lehnen mit Darwin, G. Schwalbe und auch mit W. Köhler einen letzten Unterschied zwischen Mensch und Tier ab, eben weil das Tier auch bereits Intelligenz besitze; sie hängen damit in irgendeiner Form der großen Einheitslehre vom Menschen an, die ich als Theorie des »homo faber« bezeichne, und kennen selbstverständlich dann auch keinerlei metaphysisches Sein, keine Metaphysik des Menschen, d. h. kein ausgezeichnetes Verhältnis, das der Mensch als solcher zum Weltgrund besäße.

Was mich betrifft, so weise ich beide Lehren zurück. Ich behaupte: Das Wesen des Menschen und das, was man seine *»Sonderstellung«* nennen kann, steht *hoch* über dem, was man Intelligenz und Wahlfähigkeit nennt, und würde auch nicht erreicht, wenn man sich diese Intelligenz und Wahlfähigkeit quantitativ beliebig, ja bis ins Unendliche gesteigert vorstellte. Aber auch das wäre verfehlt, wenn man sich das Neue, das den Menschen zum Menschen macht, nur dächte als eine zu den psychischen Stufen: Gefühlsdrang, Instinkt, assoziatives Gedächtnis, Intelligenz und Wahl noch hinzukommende neue Wesensstufe [...] der [...] Funktionen und Fähigkeiten, die zu erkennen also in der Kompetenz der Psychologie und Biologie läge.

Das neue Prinzip steht *außerhalb* alles dessen, was wir »Leben« im weitesten Sinne nennen können. Das, was den Menschen allein zum »Menschen« macht, ist nicht eine neue Stufe des Lebens – erst recht nicht nur eine Stufe der *einen* Manifestationsform dieses Lebens, der »Psyche« –, sondern es ist ein allem und *jedem Leben überhaupt, auch dem Leben im Menschen entgegengesetztes Prinzip:* eine echte neue Wesenstatsache, die als solche überhaupt nicht auf die »natürliche Lebensevolution« zurückgeführt werden kann, sondern, wenn auf etwas, nur auf den obersten einen Grund der Dinge selbst zurückfällt: auf denselben Grund, dessen *eine* große Manifestation das »Leben« ist.

Schon die Griechen behaupteten ein solches Prinzip und nannten es »Vernunft«. Wir wollen lieber ein umfassenderes Wort für jenes X gebrauchen, ein Wort, das wohl den Begriff »Vernunft« mitumfaßt, aber neben dem *»Ideendenken«* auch eine bestimmte Art der *»Anschauung«*, die von Urphänomenen oder Wesensgehalten, ferner eine bestimmte Klasse *volitiver* und *emotionaler Akte* wie Güte, Liebe, Reue, Ehrfurcht, geistige Verwunderung, Seligkeit und Verzweiflung, die freie Entscheidung mitumfaßt –: das Wort »Geist«. Das Aktzentrum aber, in dem Geist innerhalb endlicher Seinssphären erscheint, bezeichnen wir als »Person« in scharfem Unterschied zu allen funktionellen Lebenszentren, die nach innen betrachtet auch »seelische« Zentren heißen.

Was aber ist nun jener »Geist«, jenes neue und so entscheidende Prinzip? Selten ist mit einem Worte so viel Unfug getrieben worden – einem Worte, bei dem sich nur wenige etwas Bestimmtes denken. Stellen wir hier an die Spitze des Geistbegriffes seine besondere Wissensfunktion, die Art Wissen, die nur er geben kann, dann ist die Grundbestimmung eines geistigen Wesens, wie immer es psychophysisch beschaffen sei, *seine existentielle Entbundenheit vom Organischen,* seine Freiheit, Ablösbarkeit – oder doch die seines Daseinszentrums – von dem Bann, von dem Druck, von der Abhängigkeit vom *Organischen,* vom *»Leben«* und allem, was zum Leben gehört – also auch von seiner eigenen triebhaften »Intelligenz«.

Ein »geistiges« Wesen ist also nicht mehr trieb- und umweltgebunden, sondern »umweltfrei« und, wie wir es nennen wollen, *»weltoffen«:* Ein solches Wesen hat *»Welt«.* Ein solches Wesen vermag ferner die auch ihm ursprünglich gegebenen »Widerstands«- und Reaktionszentren seiner Umwelt, die das Tier allein hat und in die es ekstatisch aufgeht, zu *»Gegenständen«* zu erheben und das *Sosein* dieser Gegenstände prinzipiell *selbst* zu erfassen, ohne die Beschränkung, die diese Gegenstandswelt oder ihre Gegebenheit durch das vitale Triebsystem und die ihm vorgelagerten Sinnesfunktionen und Sinnesorgane erfährt.

Geist ist daher *Sachlichkeit.* Bestimmbarkeit durch das Sosein von Sachen selbst. Geist »hat« nur ein zu vollendeter Sachlichkeit fähiges Lebewesen. Schärfer gesagt: Nur ein solches Wesen ist »Träger« des Geistes, dessen prinzipieller Verkehr mit der Wirklichkeit außerhalb seiner wie mit sich selber sich im Verhältnis zum Tiere mit Einschluß seiner Intelligenz dynamisch geradezu *umgekehrt* hat.

Was ist die »Umkehrung«?

Beim Tiere – ob hoch oder niedriger organisiert – geht jede Handlung, jede Reaktion, die es vollzieht, auch die »intelligente«, aus von einer physiologischen Zuständlichkeit seines Nervensystems, der auf der psychischen

Seite Instinkte, Triebimpulse und sinnliche Wahrnehmungen zugeordnet sind. Was für die Instinkte und Triebe nicht interessant ist, ist auch nicht gegeben, und was gegeben ist, ist dem Tier gegeben nur als *Widerstands*zentrum für sein Verhalten und sein Verabscheuen, d. h. für das Tier als biologisches Zentrum. Der Ausgang von der *physiologisch-psychischen Zuständlichkeit* ist also immer der erste Akt des Dramas eines *tierischen Verhaltens* zu seiner Umwelt. Die Umweltstruktur ist dabei der physiologischen und indirekt morphologischen Eigenart des Tieres, ist seiner Trieb- und Sinnesstruktur, die eine strenge funktionelle Einheit bilden, genau und vollständig »geschlossen« angemessen. Alles, was das Tier merken und fassen kann von seiner Umwelt, liegt in den sicheren Zäunen und *Grenzen seiner Umweltstruktur.* Der zweite Akt des Dramas des tierischen Verhaltens ist irgendeine Setzung realer Veränderung der Umwelt durch eine Reaktion des Tieres in Richtung auf sein leitendes Triebziel. Der dritte Akt ist die dadurch mitveränderte physiologisch-psychische Zuständlichkeit. Der Verlauf des tierischen Verhaltens hat stets die Form:

$$T \leftrightarrows U$$

Ganz anders ein Wesen, das *»Geist«* hat. Ein solches ist – wenn und soweit es sich seines Geistes sozusagen auch bedient – eines Verhaltens fähig, das eine genaue *entgegengesetzte* Verlaufsform besitzt. Der erste Akt dieses neuen Dramas, des menschlichen Dramas ist: Das Verhalten wird vom *puren Sosein* eines zum *Gegenstand* erhobenen Anschauungs- oder Vorstellungskomplexes »motiviert«, und dies prinzipiell unabhängig von der physiologischen und psychischen Zuständlichkeit des menschlichen Organismus, unabhängig von seinen Triebimpulsen und der gerade in ihnen aufleuchtenden, stets modal (optisch oder akustisch usw.) bestimmten sinnlichen Außenseite der Umwelt. Der zweite Akt des Dramas ist *freie*, d. h. vom *Person*zentrum ausgehende Hemmung eines Triebimpulses, bzw. Enthemmung eines zuerst zurückgehaltenen Triebimpulses (und einer entsprechenden Reaktion). Der dritte Akt ist eine als selbstwertig und endgültig erlebte Veränderung der Gegenständlichkeit einer Sache. Die Form eines solchen Verhaltens ist die der *»Weltoffenheit«*, der prinzipiellen Abschüttelung des Umweltbannes:

$$M \leftrightarrows W \rightarrow \rightarrow \ldots$$

Dieses Verhalten ist, wo es einmal konstitutionell vorhanden ist, seiner Natur nach unbegrenzt erweiterungsfähig – so weit eben, als die »Welt« vorhandener Sachen reicht.

Der Mensch ist das X, das sich in unbegrenztem Maße »weltoffen« verhalten kann, Menschwerdung ist Erhebung zur Weltoffenheit kraft des Geistes.

Das Tier hat keine »Gegenstände«: es lebt in seine Umwelt ekstatisch hinein, die es gleichsam wie eine Schnecke ihr Haus als Struktur überall hinträgt, wohin es geht – es vermag diese Umwelt nicht zum Gegenstand zu machen. Die eigenartige *Fern*stellung, diese Distanzierung der »Umwelt« zur »Welt« (bzw. zu einem Symbol der Welt), deren der Mensch fähig ist, vermag das Tier nicht zu vollziehen, nicht die Umwandlung der affekt- und triebumgrenzten »Widerstands«zentren zu »Gegenständen«. *Gegenstand-Sein ist also die formalste Kategorie der logischen Seite des Geistes.* Ich möchte sagen, das Tier hängt zu wesentlich *an* und *in* der seinen organischen Zuständen entsprechenden Lebenswirklichkeit drin, um sie je »gegenständlich« zu fassen. Wohl lebt das Tier nicht mehr absolut ekstatisch in seine Umwelt hinein (wie der empfindungs-, vorstellungs- und bewußtlose Gefühlsdrang der Pflanze in ihr Medium hinein, ohne alle Rückmeldung der Eigenzustände des Organismus nach innen); es ist sich selbst durch die Trennung von Sensorium und Motorium und durch die stete Rückmeldung seiner jeweiligen sensuellen Inhalte gleichsam zurückgegeben: es besitzt ein »Leibschema«. Der Umwelt gegenüber aber verhält sich das Tier immer noch ekstatisch – auch da noch, wo es sich »intelligent« verhält. Und seine Intelligenz bleibt organisch-triebhaft-praktisch gebunden.

Der geistige Akt, wie ihn der Mensch vollziehen kann, ist im Gegensatz zu der einfachen Rückmeldung des tierischen Leibschemas und seiner Inhalte wesensgebunden an eine zweite Dimension und Stufe des Reflexaktes. Wir wollen diesen Akt *»Sammlung«* nennen und ihn und sein Ziel, das Ziel dieses »Sichsammelns«, zusammenfassend »Bewußtsein des geistigen Aktzentrums von sich selbst« oder *»Selbstbewußtsein«* nennen.

Das Tier hat Bewußtsein, im Unterschied von der Pflanze, aber es hat kein Selbstbewußtsein, wie schon Leibniz gesehen hat. Es besitzt sich nicht, ist seiner nicht mächtig – und deshalb auch seiner nicht bewußt.

Sammlung, Selbstbewußtsein, und Gegenstandsfähigkeit des ursprünglichen Triebwiderstandes bilden *eine einzige unzerreißbare Struktur*, die als solche erst dem Menschen eigen ist.

Mit diesem Selbstbewußtwerden, dieser neuen Zurückbeugung und Zentrierung seiner Existenz, die der Geist möglich macht, ist auch das *zweite* Wesensmerkmal des Menschen gegeben. Kraft seines Geistes vermag das Wesen, das wir »Mensch« nennen, nicht nur die Umwelt in die Dimension des Weltseins zu erweitern und Widerstände gegenständlich zu machen, sondern es vermag auch – und das ist das Merkwürdigste – *seine eigene physiologische und psychische Beschaffenheit* und jedes einzelne psychische Erlebnis, jede einzelne seiner vitalen Funktionen selbst wieder *gegenständlich* zu machen. Nur darum vermag dieses Wesen auch sein Leben frei von sich zu werfen. Das Tier hört und sieht – aber ohne zu wissen, *daß* es hört und sieht. Die Psyche des Tieres funktioniert, lebt – aber das Tier ist kein möglicher Psychologe und Physiologe! Wir müssen an sehr seltene ekstatische Zustände des Menschen denken – bei abebbender Hypnose, bei Einnahme bestimmter Rauschgifte, bei gewissen, den Geist bewußt (d. h. schon mit Hilfe des Geistes) inaktivierenden Techniken z. B. orgiastischer Kulte aller Art –, um uns einigermaßen in den Normalzustand des Tieres hineinzuversetzen. Auch seine Triebimpulse erlebt das Tier nicht als *seine* Triebe, sondern als dynamische Züge und Abstoßungen, die von den *Dingen der Umwelt* selber ausgehen. Sogar der primitive Mensch, der in gewissen seelischen Eigenschaften dem Tiere noch nahe steht, sagt noch nicht »ich verabscheue dieses Ding«, sondern »das Ding ist tabu«. Für das tierische Bewußtsein gibt es *nur* diese von den Umweltgebilden ausgehenden Lockungen und Abstoßungen. Der Affe, der plötzlich hierhin, dann dorthin springt, lebt sozusagen in lauter punktuellen Ekstasen. (Pathologische Ideenflucht des Menschen.) Einen die Triebimpulse und ihren Wechsel überdauernden »Willen«, der Kontinuität im Wandel seiner psychophysischen Zustände bewahren kann, hat das Tier nicht. Ein Tier kommt immer sozusagen woanders an, als es ursprünglich »will«. Es ist tief und richtig, wenn Nietzsche sagt »Der Mensch ist das Tier, das *versprechen kann«*.

Vier Wesensstufen sind es, in denen alles Seiende in Bezug auf sein Inne- und Selbstsein erscheint. *Anorganische Gebilde* haben ein solches Inne- und Selbstsein überhaupt nicht; sie haben kein Zentrum, das zu ihnen ontisch gehörte, daher auch kein Medium, keine Umwelt. Was wir in dieser Gegenstandswelt als Einheit bezeichnen, bis zu Molekülen, Atomen und Elektronen, ist ausschließlich abhängig von unserer Macht, die Körper realiter oder doch gedanklich zu zerteilen. Jede anorganische Körpereinheit ist es nur *relativ* auf eine bestimmte Gesetzlichkeit ihres Wirkens auf andere Körper. Die unräumlichen, aber die Erscheinung der Ausdehnung in der Zeit setzenden Kraftzentren, die wir den Körperbildern metaphysisch zugrunde zu legen haben, sind Zentren gegenseitig aufeinander wirkender Kräftepunkte, in denen die Kraftlinien eines Feldes zusammenlaufen. Ein Lebewesen dagegen ist stets ein *ontisches* Zentrum und bildet stets selbst »seine« raumzeitliche Einheit und Individualität; sie stammt nicht wie beim anorganischen Gebilde von Gnaden unserer selbst biologisch bedingten Zusammenfassung. Es ist ein X, das *sich selbst* begrenzt; es hat »Individualität« – es zerteilen heißt es vernichten, sein Wesen und Dasein aufheben. Dem Gefühlsdrang der *Pflanze* ist ein Zentrum zu eigen und ein Medium, in das, relativ in seinem Wachstum ungeschlossen, das pflanzliche Lebewesen hineingesetzt ist ohne Rückmeldung seiner verschiedenen Zustände an sein Zentrum; aber ein »Innesein« überhaupt und damit Beseeltheit besitzt die Pflanze. Im *Tiere* ist Empfindung und Bewußtsein und damit verbunden eine zentrale Rückmeldestelle der wechselnden Zustände seines Organismus und eine Modifizierbarkeit eines Zentrums durch diese Rückmeldung vorhanden: es ist sich schon ein zweites Mal gegeben. Der *Mensch* aber ist es kraft seines Geistes noch ein drittes Mal: im Selbstbewußtsein und in der Vergegenständlichung seiner psychischen Vorgänge und seines sensomotorischen Apparates. Die »Person« im Menschen muß dabei als das Zentrum gedacht werden, das über den Gegensatz von Organismus und Umwelt erhaben ist.

Ist das nicht, als gäbe es eine Stufenleiter, auf der ein urseiendes Sein sich im Aufbau der Welt immer mehr auf sich selbst zurückbeugt, um auf immer höheren Stufen und in immer neuen Dimensionen sich seiner inne zu werden – um schließlich im Menschen sich selbst *ganz* zu haben und zu erfassen?

Friedrich Schiller und Karl Marx

Schiller konfrontiert tierisches und menschliches Spiel, bei Marx muß die Abgrenzung menschlicher Arbeit von den Tätigkeiten der Tiere erschlossen werden, aber schon im Gegensatz beider Begriffe, Spiel und Arbeit, erweisen sie sich als für eine menschliche Wesensvorstellung bedeutsam.

5. Friedrich Schiller: Mensch und Spiel

Zwar hat die Natur auch schon dem Vernunftlosen über die Notdurft gegeben, und in das dunkle tierische Leben einen Schimmer von Freiheit gestreut. Wenn den Löwen kein Hunger nagt, und kein Raubtier zum Kampf herausfordert, so erschafft sich die müßige Stärke selbst einen Gegenstand; mit mutvollem Gebrüll erfüllt er die hallende Wüste, und in zwecklosem Aufwand genießt sich die üppige Kraft. Mit frohem Leben schwärmt das Insekt in dem Sonnenstrahl; auch ist es sicherlich nicht der Schrei der Begierde, den wir in dem melodischen Schlag des Singvogels hören. Unleugbar ist in diesen Bewegungen Freiheit, aber nicht Freiheit von dem Bedürfnis überhaupt, bloß von einem bestimmten, von einem äußeren Bedürfnis. Das Tier *arbeitet*, wenn ein Mangel die Triebfeder seiner Tätigkeit ist, und es *spielt*, wenn der Reichtum der Kraft diese Triebfeder ist, wenn das überflüssige Leben sich selbst zur Tätigkeit stachelt. Selbst in der unbeseelten Natur zeigt sich ein solcher Luxus der Kräfte und eine Laxität der Bestimmung, die man in jenem materiellen Sinn gar wohl Spiel nennen möchte. Der Baum treibt unzählige Keime, die unentwickelt verderben, und streckt weit mehr Wurzeln, Zweige und Blätter nach Nahrung aus, als zur Erhaltung seines Individuums und seiner Gattung verwendet werden. Was er von seiner verschwenderischen Fülle ungebraucht und ungenossen dem Elementarreich zurückgibt, das darf das Lebendige in fröhlicher Bewegung verschwelgen. So gibt uns die Natur schon in ihrem materiellen Reich ein Vorspiel des Unbegrenzten, und hebt hier schon *zum Teil* die Fesseln auf, deren sie sich im Reich der Form ganz und gar entledigt. Von dem Zwang des Bedürfnisses oder dem *physischen Ernste* nimmt sie durch den Zwang des Überflusses oder das *physische Spiel* den Übergang zum ästhetischen Spiele und ehe sie sich in der hohen Freiheit des Schönen über die Fessel jedes Zweckes erhebt, nähert sie sich dieser Unabhängigkeit wenigstens von ferne schon in der *freien Bewegung*, die sich selbst Zweck und Mittel ist.

Wie die körperlichen Werkzeuge, so hat in dem Menschen auch die Einbildungskraft ihre freie Bewegung und ihr materielles Spiel, in welchem sie, ohne alle Beziehung auf Gestalt, bloß ihrer Eigenmacht und Fessellosigkeit sich freut. Insofern sich noch gar nichts von Form in diese Phantasiespiele mischt, und eine ungezwungene Folge von Bildern den ganzen Reiz derselben ausmacht, gehören sie, obgleich sie dem Menschen allein zukommen können, bloß zu seinem animalischen Leben und beweisen bloß seine Befreiung von jedem äußern sinnlichen Zwang, ohne noch auf eine selbständige bildende Kraft in ihm schließen zu lassen. Von diesem Spiel *der freien Ideenfolge*, welches noch ganz materieller Art ist, und aus bloßen Naturgesetzen sich erklärt, macht endlich die Einbildungskraft in dem Versuch *einer freien Form* den Sprung zum ästhetischen Spiele. Einen Sprung muß man es nennen, weil sich eine ganz neue Kraft hier in Handlung setzt; denn hier zum erstenmal mischt sich der gesetzgebende Geist in die Handlungen eines blinden Instinktes, unterwirft das willkürliche Verfahren der Einbildungskraft seiner unveränderlichen ewigen Einheit, legt seine Selbständigkeit in das Wandelbare und seine Unendlichkeit in das Sinnliche. Aber solange die rohe Natur noch zu mächtig ist, die kein anderes Gesetz kennt, als rastlos von Veränderung zu Veränderung fortzueilen, wird sie durch ihre unstete Willkür jener Notwendigkeit, durch ihre Unruhe jener Stetigkeit, durch ihre Bedürftigkeit jener Selbständigkeit, durch ihre Ungenügsamkeit jener erhabenen Einfalt entgegenstreben. Der ästhetische Spieltrieb wird also in seinen ersten Versuchen noch kaum zu erkennen sein, da der sinnliche mit seiner eigensinnigen Laune und seiner wilden Begierde unaufhörlich dazwischentritt. Daher sehen wir den rohen Geschmack das Neue und Überraschende, das Bunte, Abenteuerliche und Bizarre, das Heftige und Wilde zuerst ergreifen, und vor nichts so sehr als vor der Einfalt und Ruhe fliehen. Er bildet groteske Gestalten, liebt rasche Übergänge, üppige Formen, grelle Kontraste, schreiende Lichter, einen pathetischen Gesang. Schön heißt ihm in dieser Epoche bloß, was ihn aufregt, was ihm Stoff gibt – aber aufregt zu einem selbsttätigen Widerstand, aber Stoff gibt *für ein mögliches Bilden*, denn sonst würde es selbst ihm nicht das Schöne sein. Mit der Form seiner Urteile ist also eine merkwürdige Veränderung vorgegangen; er sucht diese Gegenstände nicht, weil sie ihm etwas zu erleiden, sondern weil sie ihm zu handeln geben; sie gefallen ihm nicht, weil sie einem Bedürfnis begegnen, sondern weil sie einem Gesetze Genüge leisten, welches, obgleich noch leise, in seinem Busen spricht.

Bald ist er nicht mehr damit zufrieden, daß ihm die Dinge gefallen; er will selbst gefallen, anfangs zwar nur durch das, was *sein* ist, endlich durch das, was *er* ist. Was er besitzt, was er hervorbringt, darf nicht mehr bloß die Spuren der Dienstbarkeit, die ängstliche Form seines Zweckes an sich tragen; neben dem Dienst, zu dem es da ist, muß es zugleich den geistreichen Verstand, der es dachte, die liebende Hand, die es ausführte, den heiteren und freien Geist, der es wählte und aufstellte, widerscheinen. Jetzt sucht sich der alte Germanier glänzendere Tierfelle, prächtigere Geweihe, zierlichere Trinkhörner aus, und der Kaledonier wählt die nettesten Muscheln für seine Feste. Selbst die Waffen durfen jetzt nicht mehr bloß Gegenstände des Schreckens, sondern auch des Wohlgefallens sein, und das kunstreiche Wehrgehänge will nicht weniger bemerkt sein, als des Schwertes tötende Schneide. Nicht zufrieden, einen ästhetischen Überfluß in das Notwendige zu bringen, reißt sich der freiere Spieltrieb endlich ganz von den Fesseln der Notdurft los, und das Schöne wird für sich allein ein Objekt seines Strebens. Er *schmückt* sich. Die freie Lust wird in der Zahl seiner Bedürfnisse aufgenommen, und das Unnötige ist bald der beste Teil seiner Freuden.

So wie sich ihm von außen her, in seiner Wohnung, seinem Hausgeräte, seiner Bekleidung allmählich die Form nähert, so fängt sie endlich an, von ihm selbst Besitz zu nehmen, und anfangs bloß den äußern, zuletzt auch den innern Menschen zu verwandeln. Der gesetzlose Sprung der Freude wird zum Tanz, die ungestalte Geste zu einer anmutigen harmonischen Gebärdensprache, die verworrenen Laute der Empfindung entfalten sich, fangen an dem Takt zu gehorchen und sich zum Gesange zu biegen. Wenn das trojanische Heer mit gellendem Geschrei gleich einem Zug von Kranichen ins Schlachtfeld heranstürmt, so nähert sich das griechische demselben still und mit edlem Schritt. Dort sehen wir bloß den Übermut blinder Kräfte, hier den Sieg der Form, und die simple Majestät des Gesetzes.

Eine schönere Notwendigkeit kettet jetzt die Geschlechter zusammen, und der Herzen Anteil hilft das Bündnis bewahren, das die Begierde nur launisch und wandelbar knüpft. Aus ihren düstern Fesseln entlassen, ergreift das ruhigere Auge die Gestalt, die Seele schaut in die Seele, und aus einem eigennützigen Tausche der Lust wird ein großmütiger Wechsel der Neigung. Die Begierde erweitert und erhebt sich zur Liebe, so wie die Menschheit in ihrem Gegenstand aufgeht, und der niedrige Vorteil über den Sinn wird verschmäht, um über den Willen einen edleren Sieg zu erkämpfen. Das Bedürfnis zu gefallen unterwirft den Mächtigen des Geschmackes zartem Gericht; die Lust kann er rauben, aber die Liebe muß eine Gabe sein. Um diesen höhern Preis kann er nur durch Form, nicht durch Materie ringen. Er muß aufhören, das Gefühl als Kraft zu berühren, und als Erscheinung dem Verstand gegenüberstehn; er muß Freiheit lassen, weil er der Freiheit gefallen will. So wie die Schönheit den Streit der Naturen in seinem einfachsten und reinsten Exempel, in dem ewigen Gegensatz der Geschlechter löst, so löst sie ihn – oder zielt wenigstens dahin, ihn auch in dem verwickelten Ganzen der Gesellschaft zu lösen, und nach dem Muster des freien Bundes, den sie dort zwischen der männlichen Kraft und der weiblichen Milde knüpft, alles Sanfte und Heftige in der moralischen Welt zu versöhnen. Jetzt wird die Schwäche heilig, und die nicht gebändigte Stärke entehrt; das Unrecht der Natur wird durch die Großmut ritterlicher Sitten verbessert. Den keine Gewalt erschrecken darf, entwaffnet die holde Röte der Scham, und Tränen ersticken eine Rache, die kein Blut löschen konnte. Selbst der Haß merkt auf der Ehre zarte Stimme, das Schwert des Überwinders verschont den entwaffneten Feind, und ein gastlicher Herd raucht dem Fremdling an der gefürchteten Küste, wo ihn sonst nur der Mord empfing.

Mitten in dem furchtbaren Reich der Kräfte und mitten in dem heiligen Reich der Gesetze baut der ästhetische Bildungstrieb unvermerkt an einem dritten fröhlichen Reiche des Spiels und des Scheins, worin er dem Menschen die Fesseln aller Verhältnisse abnimmt, und ihn von allem, was Zwang heißt, sowohl im Physischen als im Moralischen entbindet.

6. Karl Marx: Mensch und Arbeit

Du sollst arbeiten im Schweiß deines Angesichts! war Jehovas Fluch, den er Adam mitgab. Und so als Fluch nimmt A. Smith die Arbeit. Die »Ruhe« erscheint als der adäquate Zustand, als identisch mit »Freiheit« und »Glück«. Daß das Individuum »in seinem normalen Zustand von Gesundheit, Kraft, Tätigkeit, Geschicklichkeit, Gewandtheit« auch das Bedürfnis einer normalen Portion von Arbeit hat, und von Aufhebung der Ruhe, scheint A. Smith ganz fernzuliegen. Allerdings erscheint das Maß der Arbeit selbst äußerlich gegeben, durch den zu erreichenden Zweck und die Hindernisse, die zu seiner Erreichung durch die Arbeit zu überwinden. Daß aber diese Überwindung von Hindernissen an sich Betätigung der Freiheit – und daß ferner die äußren Zwecke den Schein bloß äußrer Naturnotwendigkeit abgestreift erhalten und als Zwecke, die das Individuum selbst erst setzt, gesetzt werden – also als Selbstverwirklichung, Vergegenständlichung des Subjekts, daher reale Freiheit, deren Aktion eben die Arbeit, ahnt A. Smith ebensowenig. Allerdings hat er Recht, daß in den historischen Formen der Arbeit als Sklaven-, Fronde-, Lohnarbeit die Arbeit stets [...] als *äußre Zwangsarbeit* erscheint und ihr gegenüber die Nichtarbeit als »Freiheit, und Glück«. Es gilt doppelt: von dieser gegensätzlichen Arbeit; und, was damit zusammenhängt, der Arbeit, die sich noch nicht die Bedingungen, subjektive und objektive, geschaffen hat (oder auch gegen den Hirten-etc.-zustand, die sie verloren hat), damit die Arbeit travail attractif, Selbstverwirklichung des Individuums sei, was keineswegs meint, daß sie bloßer Spaß sei, bloßes amusement. [...]

Die Arbeit bloß als *Opfer* betrachtet und darum wertsetzend, als *Preis*, der für die Dinge bezahlt wird und ihnen daher Preis gibt, je nachdem sie mehr oder weniger Arbeit kosten, ist rein *negative* Bestimmung.

Eine bloß Negatives schafft nichts. [...] Die Negation der Ruhe, als bloße Negation, als ascetisches Opfer schafft nichts. *Es kann Einer den ganzen Tag, wie die Mönche usw., sich abkasteien, martern usw. und dies Quantum Opfer, was er bringt, lockt keinen Hund vom Ofen.* Der *natürliche* Preis der Dinge ist nicht das Opfer, das ihnen gebracht wird. Dies erinnert vielmehr an die nicht-industrielle Ansicht, die durch Opfer an die Götter Reichtum erwerben will. Außer dem Opfer muß noch etwas da sein. Was als Opfer der Ruhe, kann auch Opfer der Faulheit, der Unfreiheit, des Unglücks genannt werden, d. h. Negation eines negativen Zustandes. A. Smith betrachtet die Arbeit psychologisch, in bezug auf den Spaß oder Unfreude, die sie dem Individuum macht. Aber außer dieser *gemütlichen* Beziehung zu seiner Tätigkeit ist sie doch noch etwas andres – erstens für andre, da das bloße Opfer von A B nichts nützen würde; zweitens ein bestimmtes Verhalten seiner selbst zur Sache, die es bearbeitet, und zu seinen eigenen Arbeitsanlagen. Sie ist *positive, schaffende Tätigkeit.*

Georg H. Mead und Hugo von Hofmannsthal

Mead untersucht die gesellschaftlichen Wurzeln des Identitätsgefühls, Hofmannsthal gestaltet auf dichterische Weise die Erfahrung, daß man sich mit früheren Lebensstadien nicht mehr identifizieren kann.

7. George H. Mead: Mensch und Selbstidentität

Wie kann ein Einzelner (erfahrungsmäßig) so aus sich heraustreten, daß er für sich selbst zum Objekt wird? Das ist das entscheidende psychologische Problem der Identität oder des Bewußtseins; die Lösung ergibt sich dadurch, daß man sich an den gesellschaftlichen Verhaltensprozeß hält, in den die jeweilige Person eingeschaltet ist. Der Apparat der Vernunft wäre unvollständig, wenn er sich nicht auf die eigene Analyse des Erfahrungsbereiches ausdehnte oder wenn sich der Einzelne nicht selbst in den Erfahrungsbereich der anderen Identitäten brächte, auf die er in der jeweiligen gesellschaftlichen Situation reagiert. Vernunft kann solange nicht unpersönlich werden, als sie nicht eine objektive, nicht-affektive Haltung gegenüber sich selbst einnimmt; sonst handelt es sich nur um Bewußtsein, nicht um Identitätsbewußtsein. Es ist für vernünftiges Verhalten notwendig, daß der Einzelne sich selbst gegenüber eine objektive, unpersönliche Haltung einnimmt, daß er sich selbst zum Objekt wird. Denn der einzelne Organismus ist offenkundig ein entscheidender und wichtiger Aspekt oder ein konstitutives Element der empirischen Situation, in der er handelt; wenn er nicht sich selbst objektiv sieht, kann er nicht intelligent oder rational handeln.[...]

Die Bedeutung der »Kommunikation« liegt in der Tatsache, daß sie eine Verhaltensweise erzeugt, in der der Organismus oder das Individuum für sich selbst ein Objekt werden kann. [...] Kommunikation im Sinne signifikanter Symbole, eine Kommunikation, die nicht nur an andere, sondern auch an das Subjekt selbst gerichtet ist. Insoweit diese Kommunikation Teil des Verhaltens ist, führt sie zumindest eine Identität ein. Natürlich kann man etwas hören, ohne dem Aufmerksamkeit zu schenken, man kann Dinge sehen, die man nicht erkennt, Tätigkeiten nachgehen, deren man sich nicht wirklich bewußt wird. Wo man aber auf das reagiert, was man an einen anderen adressiert, und wo diese Reaktion Teil des eigenen Verhaltens wird, wo man nicht nur sich selbst hört, sondern sich selbst antwortet, zu sich selbst genauso wie zu einer anderen Person spricht, haben wir ein Verhalten, in dem der Einzelne sich selbst zum Objekt wird. [...]

Diese Identität, die für sich selbst Objekt werden kann, ist im Grunde eine gesellschaftliche Struktur und erwächst aus der gesellschaftlichen Erfahrung. Wenn sich eine Identität einmal entwickelt hat, schafft sie sich gewissermaßen selbst ihre gesellschaftlichen Erfahrungen. Somit können wir uns eine absolut solitäre Identität vorstellen, nicht aber eine Identität, die außerhalb der gesellschaftlichen Erfahrung erwächst. Wenn sie sich bereits entwickelt hat, können wir uns vorstellen, daß die betreffende Person, wenn sie in lebenslängliche Einzelhaft gerät, immer noch sich selbst als Gefährten hat und mit sich selbst denken und sprechen kann, so wie sie es vorher mit anderen konnte. Dieser von mir eben beschriebene Prozeß – auf die eigene Identität so wie andere zu reagieren, am eigenen Gespräch mit anderen teilzunehmen, sich des Gesagten bewußt zu sein und dieses Bewußtsein dazu zu verwenden, das später zu Sagende zu bestimmen – ist uns allen vertraut. Unseren Worten zu anderen Personen folgt stets das Verständnis des Gesagten, und dieses Verständnis dient uns zur Fortsetzung unserer Rede. Was wir sagen und was wir tun werden, finden wir heraus, indem wir etwas sagen und etwas tun, und in diesem Prozeß kontrollieren wir ständig diesen Prozeß selbst.

8. Hugo von Hofmannsthal: Mensch und Ichfremdheit*

Noch spür ich ihren Atem auf den Wangen:
Wie kann das sein, daß diese nahen Tage
Fort sind, für immer fort, und ganz vergangen?

Dies ist ein Ding, das keiner voll aussinnt,
Und viel zu grauenvoll, als daß man klage:
Daß alles gleitet und vorüberrinnt

Und daß mein eignes Ich, durch nichts gehemmt,
Herüberglitt aus einem kleinen Kind
Mir wie ein Hund unheimlich stumm und fremd.

Dann: daß ich auch vor hundert Jahren war
Und meine Ahnen, die im Totenhemd,
Mit mir verwandt sind wie mein eignes Haar,

So eins mit mir als wie mein eignes Haar.

* Der Originaltitel des Gedichts lautet: „Vergänglichkeit".

IV. Kapitel: Selbstverständnis II: Das Leib-Seele-Problem

Gewöhnlich begreift sich der Mensch als Wesen, das nicht nur einen Körper, sondern auch einen Geist hat. Damit ist auf die Besonderheit der menschlichen Erfahrung verwiesen, die nicht nur physischer, sondern auch psychischer Natur ist, wie das Phänomen des Selbstbewußtseins zeigt.
Nach dem Text von Bischof, der die grundsätzlichen Möglichkeiten menschlicher Selbsterfahrung vorstellt, wird in den folgenden Texten das Verhältnis von Körper und Geist, von Leib und Seele, wie es häufig genannt wird, diskutiert. Dabei sind die Autoren so aufeinander bezogen, daß der jeweils nachfolgende auf den vorhergehenden kritisch eingeht.

1. Norbert Bischof: Möglichkeiten der Selbsterfahrung

Die Erforschung des Menschen wird durch den Menschen betrieben; er ist Subjekt und Objekt aller »Anthropologie« zugleich. Das führt dazu, daß in jeder Wissenschaft, die den Menschen in ihr Problemgebiet einschließt, zwei Standorte möglich sind, von denen aus der Forscher seinen Gegenstand verstehen kann: Prototyp, Paradigma »des Menschen« kann einmal der Andere sein, zum anderen ich selbst. Denkmetaphorisch verbindet sich mit diesen beiden Erkenntnishaltungen die raumsymbolische Polarität von »Außen« und »Innen« – etwa in dem Sinn, der in charakterologischen Kategorien wie »Außen-« und »Innenintegration« u. ä. anklingt.

In der vorwissenschaftlichen Menschenkunde entspräche dem so verstandenen »Außenstandort« – wir versehen ihn nachfolgend mit dem Index$_1$ – die »Fremd-«, dem »Innenstandort$_1$« die »Selbstbeobachtung«, was allerdings nur schwerpunktmäßig verstanden werden darf: Tatsächlich kann ich nämlich auch mich selbst vom Anderen her, in Analogie zum Anderen und insofern ‚von außen$_1$ erkennen ebenso, wie ich mich umgekehrt »in$_1$« den Anderen zu versetzen und ihn solcherart als meinesgleichen zu verstehen vermag). Diese eigentümliche Mehrschichtigkeit rührt daher, daß der Gegensatz zwischen Fremd- und Selbstbeobachtung für das naive Verständnis zunächst nicht etwa strikt dem von »Leib« und »Seele« entspricht. Gegenstand fremdmenschlicher Erfahrung sind vielmehr sowohl die leibliche Erscheinung des Gegenübers unter Einschluß seines Verhaltens als auch das Fremdseelische, das sich in all dem »ausdrückt«, Gegenstand der Selbsterfahrung meine eigenen Gedanken, Gefühle und Wünsche nicht minder als meine leibhaftige Wirklichkeit und Wirksamkeit: Auf jener vorkritischen Betrachtungsstufe, die der ersten Unterscheidung von »Außen«

und »Innen« zugrunde liegt, bilden Körper und Seele zusammen noch ein Ganzes und können Ich und Du demgemäß noch unmittelbar aneinander *teilhaben* –»denn was innen, das ist außen« (Goethe). [. . .] Es ist diese naiv-unreflektierte Weltsicht, in der die Rede von der »bipolaren Koexistenz« [. . .] ihren Sinn hat.

Dies alles ändert sich indessen im Zuge kritischer Besinnung. Angeregt durch Erlebnisse des Ge- und Enttäuschtwerdens durch den Anderen wie auch des leidvoll erfahrenen Unvermögens, mit ihm wirklich seelisch eins zu werden, an seiner Weise des Glücklich- oder (ausgeprägter noch) des Traurigseins zur Gänze teilzuhaben, ja auch nur, sie voll zu verstehen, und besiegt durch die nüchterne Beweiskraft jener Feststellung aus dem berufenen Munde des Mediziners, er habe viele Körper geöffnet, dabei jedoch nie eine Seele vorgefunden, zieht sich die »von außen« betriebene Erforschung des Menschen schließlich auf die einzig konsistente Position einer exklusiven Lehre vom *Verhalten* und seinen somatischen Bedingungen zurück: Eine Menschenkunde, die sich programmatisch als »Psychology of the Other One« versteht (Meyer 1921), muß konsequent dazu kommen, diesen Anderen als Leib – als biologisches System – zu bestimmen. Wo der Begriff »außen« in diesem kritisch geläuterten Sinn Verwendung findet, sei er nachfolgend mit $_2$ indiziert. [. . .]

[. . .] Früher oder später führt kritische Besinnung zur Erkenntnis der wesenhaften Subjektivität auch der wahrgenommenen Körperwelt.

Es sind mannigfache Erfahrungen, die den Weg zu dieser Einsicht erleichtern können – oft zitierte wie etwa Sinnestäuschung und Traum und seltener bedachte wie insonderheit die sog. Projektion (im Sinne der Tiefenpsychologie): Der auf Grund uneingestandener eigener Wünsche, objektiv jedoch grundlos Eifersüchtige etwa, der das Verhalten seines Partners mit mißtrauischer Wachheit verfolgt und seinen Argwohn tausendfach in Kleinigkeiten bestätigt sieht, vermeint gewiß »Fremdbeobachtung« zu treiben – bis er, gegebenenfalls anläßlich psychoanalytischer Behandlung, den verfälschten Eindruck durchschauen und sachgerecht als Vehikel der *Selbst*erkenntnis nutzen lernt.

Beispiele solcher Art bahnen die Erkenntnis an, Fühlungnahme mit den Problemstellungen der biologischen »Umwelt«-Forschung [. . .] bekräftigt sie, und konsequente Übertragung des zuvor bei Beschreitung des »äußeren$_2$« Erkenntnisweges Eingesehenen erzwingt sie vollends, daß *alles,* was ich überhaupt unmittelbar und unvermittelt vorfinde, so, wie ich es vorfinde, »in« mir, d. h. Bewußtseinsinhalt sein muß: die Welt der Dinge »da draußen« nicht minder als ich selbst, meine eigene Leiblichkeit nicht minder als die Regungen meines Seelenlebens, die Meßinstrumente, deren Zeigerausschläge ich ablese, nicht minder als die anderen Beobachter, mit denen ich mich darüber »intersubjektiv« verständige.

Alles Vorgefundene und somit alle wirklich »positive« (d. i. unbezweifelbare) Basis jedweder Erkenntnistätigkeit und also auch jeder Wissenschaft ist notwendig und ausschließlich Bewußtseinsinhalt, Erscheinung, *Phäno-*

men. Es ist gewiß nicht identisch mit jener »objektiv realen« Welt, die Lichtwellen zu meinem Auge gesandt, dort Nervenprozesse in Gang gesetzt und solcherart schließlich auf irgendeine vorerst nicht näher bestimmbare Weise *Anlaß zum Auftreten* von Bewußtseinsinhalten gegeben hat.

Damit ist der Kreis geschlossen. Ebenso, wie die Außen$_2$-Betrachtung nur auf Leibliches treffen kann, muß sich der Gegenstand einer kritisch geläuterten Innen-Schau – wir fügen ihr nunmehr ebenfalls den Index $_2$ an – mit konsequenter Exklusivität als seelisch bestimmen, genauer gesagt als *»erkenntnistheoretisch-seelisch«* (= phänomenal) [. . .].

Die »Innenbetrachtung« mündet damit letztlich in Erkenntniskritik: Jene andere, »objektive« Welt, die sich irgendwie auf mein Bewußtsein abbildet, die »hinter« den Erlebnisdaten, den Phänomenen, also »meta-« oder »transphänomenal« wirklich ist und wirkt, erweist sich bei Einnahme des Innen$_2$-Standortes als ebenso unzugänglich wie für den Außen$_2$-Betrachter das Fremdseelische, und es gibt auch hier grundsätzlich keinen Weg, um mir unbezweifelbar zu beweisen, daß sie überhaupt existiert: Ich kann an ihre Realität wiederum nur *glauben.*

2. René Descartes: Der Leib-Seele-Dualismus

Definitionen.

I. Unter dem Namen *»Bewußtsein«* [. . .] befasse ich alles das, was so in uns ist, daß wir uns seiner unmittelbar bewußt werden. In dem Sinne sind alle Operationen des Willens, des Verstandes, der Einbildung und der Sinne Bewußtseinsinhalte [. . .]. Das Wort »unmittelbar« habe ich aber hinzugefügt, um all das auszuschließen, was aus ihnen erst folgt. So hat die freiwillige Bewegung zum Beispiel zwar das Bewußtsein als Ausgangspunkt, ist aber doch nicht selbst Bewußtsein. Ebenso ist Spazierengehen nicht ein Bewußtsein, wohl aber die Wahrnehmung [. . .] oder die Erkenntnis, die man hat, daß man spazierengeht [. . .].

V. Jede Sache, der unmittelbar, als in ihrem *Subjekte,* etwas innewohnt, oder durch die etwas existiert, was wir erfassen, d. h. irgendeine Eigenschaft oder Beschaffenheit oder Attribut, wovon wir in uns die reale Idee haben, heißt *Substanz.* Und wir haben von der Substanz im strengen Sinne gar keine andere Idee, als daß sie die Sache (res) ist, in der in formaler oder eminenter Weise eben das existiert, was wir erfassen, d. h. was objektiv in irgendeiner unserer Ideen enthalten ist, da uns das natürliche Licht lehrt, daß das Nichts kein reales Attribut haben kann.

VI. Die Substanz, der unmittelbar das Bewußtsein innewohnt, heißt *Geist;* ich spreche aber hier lieber vom Geist als von der Seele, weil das Wort »Seele« doppelsinnig ist und oft mißbräuchlich für etwas Körperliches gebraucht wird ([...] da man ihn manchmal auch der Luft und den sehr feinen Flüssigkeiten zuteilt; aber ich weiß keinen geeigneteren).

VII. Die Substanz, die das unmittelbare Subjekt der örtlichen Ausdehnung und der diese Ausdehnung voraussetzenden Accidentien, wie Figur, Lage, örtliche Bewegung usw. ist, heißt *Körper.* Ob aber das, was Geist und Körper heißt, ein und dieselbe Substanz ist oder zwei verschiedene, wird weiter unten zu behandeln sein. [...]

IX. Wenn wir sagen, etwas sei in der Natur oder dem Begriff einer Sache enthalten, so ist das dasselbe, wie wenn wir sagten, dies sei von der Sache wahr, oder, dies könne von ihr behauptet werden.

X. Man spricht von der realen Unterschiedenheit zweier Substanzen, wenn jede von ihnen ohne die andere existieren kann.

Postulate.

Ich fordere *erstens,* daß die Leser bemerken, wie schwach die Erwägungen sind, derentwegen sie bisher ihren Sinnen geglaubt haben, und wie ungewiß alle Urteile sind, die sie auf ihnen aufgebaut haben, und daß sie dies so lange und so oft bei sich wiederholen, bis sie schließlich die Gewohnheit bekommen, ihnen nicht mehr zu viel zu trauen. Das halte ich nämlich für nötig, um die Gewißheit der metaphysischen Gegenstände zu erfassen.

Zweitens fordere ich, daß sie ihren eigenen Geist betrachten und dessen sämtliche Attribute, an denen sie wahrnehmen, daß sie an ihnen nicht zweifeln können, wie sehr sie auch alles von den Sinnen je Erfahrene als falsch annehmen, und daß sie nicht eher aufhören, ihn zu betrachten, als bis sie die Gewohnheit angenommen haben, ihn klar zu erfassen und zu glauben, daß er leichter zu erkennen ist als alle körperlichen Dinge.

Geist und Körper sind real verschieden.
Beweis.

Alles, was wir klar wahrnehmen, kann von Gott so gemacht werden, wie wir es wahrnehmen [...]. Nun nehmen wir aber klar den Geist, d. h. eine denkende Substanz ohne den Körper, d. h. ohne eine ausgedehnte Substanz, wahr (nach Post. 2); und umgekehrt auch den Körper ohne den Geist (wie jedermann ohne weiteres zugibt). Also kann, wenigstens durch die Allmacht Gottes, der Geist ohne den Körper sein, und der Körper ohne den Geist.

Nun sind aber Substanzen, von denen jede ohne die andere sein kann, real verschieden (nach Def. 10). Geist und Körper sind aber Substanzen (nach Def. 5, 6 und 7), von denen jede ohne die andere sein kann (wie eben bewiesen). Also sind Geist und Körper real verschieden.

Anmerkung. Ich habe hier die Allmacht Gottes als Beweismittel gebraucht [Sie ist jedoch für den Beweisgang selbst nicht notwendig. – Einfügung der Hrsg.] [...], von welcher Macht die beiden geschieden werden, macht dafür nichts aus, daß wir erkennen, daß sie real verschieden sind.

3. Gilbert Ryle: Das Gespenst in der Maschine

1. Die offizielle Lehre

So verbreitet ist unter Fachleuten und sogar unter Laien eine gewisse Theorie über das Wesen und die Stellung des Geistes, daß sie wohl als die offizielle Doktrin angesprochen werden kann. Die Mehrzahl der Philosophen, Psychologen und Religionslehrer bekennt sich, mit unwesentlichen Vorbehalten, zu ihren Hauptartikeln. Freilich räumen sie das Bestehen gewisser theoretischer Schwierigkeiten ein, neigen aber doch zu der Annahme, diese könnten ohne größere Abänderungen im Aufbau der Theorie behoben werden. Es soll hier gezeigt werden, daß die Kernprinzipien dieser Lehre unhaltbar sind und all dem widersprechen, was wir vom Geist oder der Seele wissen, solange wir keine Theorien darüber aufstellen.

Die offizielle Lehre stammt hauptsächlich von Descartes und lautet ungefähr so: Jedes menschliche Wesen [...] hat sowohl einen Körper als auch einen Geist. [...]

Körper und Geist sind gewöhnlich zusammengespannt, aber nach dem Tode des Körpers kann der Geist möglicherweise allein fortbestehen und seine Funktionen ausüben. [...]

Menschliche Körper existieren im Raum und sind den mechanischen Kausalgesetzen unterworfen, welche alle Körper im Raum beherrschen. Körperliche Vorgänge und Zustände können von äußeren Beobachtern wahrgenommen werden. Ja, das körperliche Leben eines Menschen ist so sehr eine öffentliche Angelegenheit wie das Leben der Tiere und Reptilien, sogar wie der Lebenslauf von Bäumen, Kristallen und Planeten.

Aber der Geist ist nicht im Raum, und sein Tun ist nicht den Gesetzen der Mechanik unterworfen. Andere Beobachter können nicht Zeugen dessen sein, was in jemandes Geist vorgeht; seine Vorgänge sind privat. Nur ich selbst kann von den Zuständen und Vorgängen meines eigenen Geistes direkt Kenntnis nehmen. Ein Mensch durchlebt also zwei parallele Lebensläufe, deren einer aus dem besteht, was in seinem Körper vorgeht oder diesem zustößt, während der andere sich aus dem zusammensetzt, was in seinem Geiste vorgeht oder diesem zustößt. Der erste ist öffentlich, der zweite privat. Die Ereignisse im ersten Lebenslauf sind Ereignisse in der physikalischen Welt, die im zweiten Ereignisse in der Welt des Geistes.

2. Die Absurdität der offiziellen Lehre

So lautet kurz die offizielle Lehre. Ich werde oft mit absichtlicher Geringschätzung von ihr als dem »Dogma vom Gespenst in der Maschine« sprechen. Ich hoffe zu zeigen, daß sie ganz und gar falsch ist, nicht nur in Einzelheiten, sondern grundsätzlich. Sie ist nicht nur eine Ansammlung einzelner Fehler. Sie besteht aus einem einzigen großen Irrtum, einem Irrtum von ganz besonderer Art, nämlich einer Kategorienverwechslung. Sie stellt die Tatsachen des Geisteslebens so dar, als gehörten sie zu einem bestimmten logischen Typ oder einer Kategorie (oder zu einer Reihe von Typen oder Kategorien), während sie in Wirklichkeit zu einer andern gehören. Das Dogma ist daher ein philosophischer Mythos.

Wenn zwei Ausdrücke zur selben Kategorie gehören, dann ist es zulässig, durch Konjunktionen verbundene Sätze zu bilden, die diese Ausdrücke enthalten. Ein Käufer kann z. B. sagen, er habe einen rechten und einen linken Handschuh gekauft, aber nicht, er habe einen linken Handschuh, einen rechten Handschuh und ein Paar Handschuhe gekauft. »Sie kam heim in einer Flut von Tränen und in einer Sänfte« ist ein bekannter Witz, der auf der Absurdität beruht, zwei Wörter verschiedenen Typs auf diese Weise durch »und« zu verbinden. Die Disjunktion »Sie kam entweder in einer Flut von Tränen oder in einer Sänfte nach Hause« wäre ebenso lächerlich gewesen. Aber das Dogma vom Gespenst in der Maschine tut gerade das. Es behauptet, daß sowohl Körper als auch Geister existieren; daß sich physische und psychische Vorgänge ereignen; daß es mechanische und geistige Ursachen von Körperbewegungen gäbe. [...] Aber ich behaupte, daß der Ausdruck »ein geistiger Vorgang hat sich abgespielt« nicht dieselbe Art von Behauptungen aufstellt wie »ein physischer Vorgang hat sich abgespielt«, und daß es daher sinnlos ist, die beiden mit dem Worte »und« zu verbinden.

3. Erkenntnis anderer und seiner selbst

Die Ermittlung der geistigen Fähigkeiten und Neigungen einer Person ist ein induktiver Vorgang, eine Induktion aus beobachteten Handlungen und Reaktionen auf gesetzähnliche Aussagen. Wenn wir diese langfristigen Eigenschaften ermittelt haben, dann erklären wir eine bestimmte Handlung oder Reaktion, indem wir das Ergebnis einer solchen Induktion auf das neue Beispiel anwenden, außer wenn uns offene Bekenntnisse die Erklärung ohne Nachforschung ermöglichen. Diese Induktionen werden natürlich nicht unter Laboratoriumsbedingungen ausgeführt oder mit einem statistischen Apparat, genausowenig wie die Wetterkunde des Bauern oder das Erkennen der Konstitution eines bestimmten Patienten durch einen Hausarzt. Aber sie sind meistens verläßlich genug. [...]

Die Eigenschaften und Gemütsverfassungen einer gewissen Klasse von Personen sind aber besonders schwer zu beurteilen, nämlich jener Personen, die Eigenschaften vortäuschen, die sie nicht besitzen, und Eigenschaften verbergen, die sie besitzen. Ich beziehe mich auf Heuchler und Scharlatane, auf die Leute, die Motive und Stimmungen, und auf die Leute, die Fähigkeiten vortäuschen; das heißt also, auf die meisten von uns zu gewissen Zeiten und auf manche von uns meistens. [...]

Auf den ersten Blick scheint es also, als ob niemand richtige Kenntnis seiner eigenen Seele oder der eines andern erwerben könnte, da es keine Art von beobachtbarem Benehmen gibt, von der wir sagen könnten, »niemand könnte das bloß spielen«. Gewiß fühlen wir uns im praktischen Leben durch diese Möglichkeit nicht in Verlegenheit gesetzt, aber manche Leute verspüren eine theoretische Verlegenheit, denn wenn jede beliebige Handlung oder Reaktion Verstellung sein kann, können dann nicht alle Handlungen oder Reaktionen Verstellung sein? Könnten nicht alle unsere Bewertungen des Betragens anderer und unser selbst durchweg der Täuschung unterliegen? Wir fühlen manchmal eine ähnliche Verlegenheit in bezug auf die Sinneswahrnehmung, denn da jede beliebige einzelne sinnliche Erscheinung bloßer Schein sein könnte, so scheint kein Grund zu bestehen, warum sie nicht alle bloß Schein sein sollten.

Trotzdem ist die Angst vor universeller Verstellung unbegründet. Wir wissen, worin Verstellung besteht. Sie besteht darin, sich absichtlich so zu benehmen wie andere Leute sich benehmen, die sich nicht verstellen. Zerknirschung vortäuschen heißt Gebärden, Tonfall, Worte und Taten von wirklich Zerknirschten annehmen. Sowohl der Heuchler wie auch die von ihm Getäuschten müssen also wissen, wie es aussieht, wenn einer wirklich zerknirscht ist und es nicht vorgibt. Wenn wir nicht zerknirschte Leute gewöhnlich richtig als zerknirscht einschätzten, dann hätte uns der Heuchler nicht vormachen können, er wäre zerknirscht. [...] Der Erweis von Heuchelei und Quacksalberei ist eine induktive Aufgabe, die sich von den gewöhnlichen induktiven Aufgaben der Motiv- und Fähigkeitsbeurteilung nur darin unterscheidet, daß sie eine Induktion zweiter Ordnung ist. Sie ist der Versuch zu entdecken, ob jemand versucht, das Benehmen jener Leute nachzuahmen, über das er und wir induktiv herausgefunden haben, daß es das Benehmen von Leuten ist, die sich nicht verstellen.

Es darf auch nicht angenommen werden, daß die Berichte, die einer sich selbst über sein eigenes Tun macht, oder die Schranken, die er seinem eigenen Verhalten auferlegt, unweigerlich von jedem Vorurteil und jeder Nachlässigkeit frei sein müssen. Meine Berichte über mich selbst haben Fehler von derselben Art, wie meine Berichte über einen anderen, und die Ermahnungen, Verbesserungen und Verbote, die ich mir selbst erteile, können mich als ebenso unfähig oder unbesonnen bloßstellen, wie meine Befehligung anderer. Bewußtheit seiner selbst, wenn das Wort überhaupt verwendet werden soll, darf nicht nach dem altehrwürdigen paraoptischen Modell als eine Fackel dargestellt werden, die sich durch die Strahlen ihres eigenen Lichts erleuchtet, die von einem Spiegel in ihrem eigenen Innern reflektiert werden. Im Gegenteil, es ist einfach ein Sonderfall des gewöhnlichen mehr oder minder wirksamen Umgehens mit einem mehr oder weniger ehrlichen und intelligenten Zeugen. Ähnlich darf Selbstkontrolle nicht mit der Führung eines teilweise disziplinierten Untergebenen durch einen Vorgesetzten mit vollkommenem Wissen und unbestrittener Autorität verglichen werden; sie ist einfach ein Sonderfall der Führung eines gewöhnlichen Menschen durch einen gewöhnlichen Menschen, nämlich der Fall, in dem Müller beide Rollen spielt. Wahr ist nicht, daß Handlungen höherer Ordnung vorkommen, die über aller Kritik stehen, sondern vielmehr, daß jede beliebige Handlung höherer Ordnung selbst wieder kritisiert werden kann; nicht, daß etwas nicht noch weiter zu verbessern wäre; nicht, daß irgendeine Handlung von der höchstmöglichen Ordnung ist, sondern vielmehr, daß es für jede beliebige Handlung jeder beliebigen Ordnung Handlungen noch höherer Ordnung gibt. [...]

Zum Abschluß sei betont, daß nichts Rätselhaftes und Okkultes an jenen Handlungen und Einstellungen höherer Ordnung ist, die meistens unzulänglich durch den Oberbegriff der Bewußtheit seiner selbst zusammengefaßt werden. Sie sind von derselben Art wie die Handlungen und Einstellungen höherer Ordnung, die in den Beziehungen von Leuten untereinander vorkommen. Ja, die ersteren sind nur besondere Anwendungen der letzteren und müssen auf dem Umweg über sie erlernt werden.

4. Herbert Feigl: Leib-Seele – kein Scheinproblem

Ryle [...] hat versucht, das Problem zu umgehen: Den Gebrauch von Begriffen für Geistiges bzw. Subjektives eignet man sich an, indem man die Sprache lernt, die wir alle im normalen Leben sprechen. Diese Sprache, die unter den Menschen als Kommunikationsmittel dient, ist ihrer Natur nach *intersubjektiv*. Eine Mutter z. B., die zu ihrem Kind sagt: »Du bist müde«, »Jetzt bist Du froh«, »Du hast Kopfschmerzen« usw., tut das auf der Grundlage öffentlich zugänglicher Signale, ebenso wie das Kind den Gebrauch solcher Ausdrücke wie »müde sein«, »froh sein« oder »Kopfschmerzen haben« nicht nur in der Anwendung auf andere Personen lernt, sondern auch auf sich selbst bezogen, wenn es sich in einem Zustand befindet, der sich ursprünglich in den Signalen offenbarte (den Symptomen, Verhaltenssituationen und -abfolgen, Testbedingungen und -ergebnissen), die von anderen beobachtet werden können. Aber das ist gerade der Haken. Wenn wir den Gebrauch von Begriffen für Subjektives in der beschriebenen Weise *erlernen*, werden wir sie, sobald sie unserem Vokabular einmal angehören, auf Zustände und Bedingungen *anwenden*, zu denen wir als Individuum »privilegierten Zugang« haben. Wenn ich Stimmungen, Gefühle, innere Bewegungen, Empfindungen, Gedanken, Vorstellungen, Träume usw., die ich erlebe, wiedergebe, dann *verweise* ich *nicht* auf mein *Verhalten*, ob es jetzt stattfindet oder unter bestimmten Umständen stattfinden wird. Ich verweise vielmehr auf Zustände und Vorgänge meiner unmittelbaren Erfahrung, die ich gerade erlebe (genieße und erleide), also auf die »Rohempfindungen« meines Bewußtseins. Diese »Rohempfindungen« sind anderen nur indirekt durch Rückschlüsse zugänglich, aber *ich habe* sie.

Ich will nicht bestreiten, daß die normale Sprache für viele Zwecke völlig genügt. Sie verbindet meiner Ansicht nach ohne Zögern Begriffe für Bewußtseinsphänomene mit solchen für naturhaftes Verhalten, um menschliches oder tierisches Verhalten zu beschreiben und zu erklären. »Die Ungeduld stand ihm ins Gesicht geschrieben«, »Er zitterte vor Aufregung«, »Sein Magengeschwür ist sicher auf verdrängte Aggressionen zurückzuführen«, »Als Folge einer Grippeinfektion war er tagelang mutlos und niedergeschlagen«, »Ein energischer Entschluß ermöglichte es ihm schließlich, seine Sucht zu überwinden« usw. usw. Wie diese wenigen Beispiele zeigen, spiegelt die normale Sprache deutlich eine Vorstellung von Wechselwirkung (interaction) zwischen Geistigem und Körperlichem wider. Solange wir es nicht zu genau damit nehmen, unsere Erklärungen mit den durch die Fortschritte der Psychophysiologie erwiesenen oder wenigstens sehr wahrscheinlich gemachten Tatsachen in Einklang zu bringen, werden sich logische Schwierigkeiten vermeiden lassen. Einige Philosophen wie Ryle [...] und andere Vertreter der Analytik der normalen Sprache haben sehr überzeugend gezeigt, daß wir über das geistig-seelische Leben von *»Personen«,* d. h., über Vorfälle, Dispositionen, Handlungen, Intentionen, Motive, Zwecke, Fertigkeiten und Charakterzüge sprechen können, ohne daß wir im Sumpf ungelöster Fragen des Leib-Seele-Problems versinken. Bekanntermaßen läßt diese Methode aber die Tatsachen und Gesetzmäßigkeiten der Neurophysiologie fast völlig außer acht [...]

Die kritische und zentrale Frage des Leib-Seele-Problems besteht wenigstens seit Descartes in der Notwendigkeit, die Beziehungen zwischen den »Rohempfindungen« und auch anderen Bewußtseinsphänomenen (Absicht, Gedanken, Willen, Wunsch usw.) und den zugehörigen neurophysiologischen Prozessen angemessen zu erklären. Die Probleme können ziemlich eindeutig nach naturwissenschaftlichen und philosophischen Komponenten unterschieden werden. Die naturwissenschaftliche Aufgabe wird von der Psychophysiologie verfolgt, und zwar durch die Erforschung empirisch nachweisbarer Korrelationen von »Rohempfindungen« [...] mit Ereignissen und Vorgängen im Organismus, besonders im Zentralnervensystem (wenn nicht gar nur in der Großhirnrinde). Die philosophische Aufgabe besteht in einer logischen und erkenntnistheoretischen Klärung der Begriffe, mit Hilfe derer wir diese Korrelationen formulieren und/oder deuten können.

Vom wissenschaftlichen Standpunkt aus hat heute die Annahme einer ein-eindeutigen (oder wenigstens ein-mehrdeutigen) Entsprechung von Bewußtseinszuständen zu typischen neuro-physiologischen Prozessen am meisten Wahrscheinlichkeit für sich. Untersuchungen [...] bestätigen eine solche Entsprechung in der Form eines Isomorphismus phänomenaler Abläufe und gleichzeitig neuraler Prozesse an verschiedenen Stellen im Gehirn. Natürlich muß der Philosoph diesen Isomorphismus als eine empirisch erweisbare oder widerlegbare Annahme ansehen und daher als *logisch* ungewiß betrachten. Man kann sich vorstellen, daß weiteres empirisches Beweismaterial die Psychophysiologen veranlaßt, diese Auffassung, die im Ganzen recht gute Dienste als fruchtbare Arbeitshypothese geleistet hat, aufzugeben oder zu modifizieren. Man kann sich vorstellen, daß einige der bisher noch wenig geklärten psychosomatischen Phänomene, möglicherweise sogar die noch ausgesprochen problematischen und umstrittenen »Tatsachen« der Parapsychologie [...] auf interaktionistischer Grundlage erklärt werden müssen. [...]

Konkomitanzgesetze in der physischen Welt konnten gewöhnlich durch zugrunde liegende *identische* Strukturen erklärt werden. So ist die Beziehung zwischen bestimmten optischen, elektrischen und magnetischen Eigenschaften verschiedener Substanzen aufgrund der Atomstruktur dieser Substanzen erklärbar. Oder – um ein etwas anderes Beispiel zu wählen – wir erklären die thermischen, chemischen, magnetischen und optischen Effekte, die einzeln oder zusammen in eine »Arbeitsdefinition« der Stromstärke eingehen können, durch die Theorie des *einen* (Einheits-) Stroms. Ähnlich ist es ein wenigstens teilweise erfolgreiches Arbeitsprogramm der Psychophysiologie, bestimmte zusammenhängende Makroverhaltensmerkmale auf die ihnen zugrunde liegenden neurophysiologischen Strukturen und Prozesse zurückzuführen. Es muß aber betont werden, daß ein weiterer Schritt notwendig ist, wenn wir den Dualismus in der epiphänomenalistischen Interpretation der Beziehung zwischen subjektiven Bewußtseinszuständen und Zuständen im Gehirn überwinden wollen.

Die klassischen Versuche in der Richtung einer solchen monistischen Lösung sind wohlbekannt. Die Lehre vom doppelten Aspekt, von der doppelten Erkenntnis, vom zweifachen Zugang oder von der doppelten Sprache sind in den verschiedensten Formen vorgeschlagen worden. Das Schlimme bei diesen Vorschlägen ist aber, daß sie meist auf vagen Metaphern oder Analogien beruhen und daß es sehr schwierig ist, sie in eine exakte Sprache zu übersetzen. Ich kann hier nur kurz andeuten, wie man meiner Meinung nach vorgehen müßte, um diesen »Weltknoten« (Schopenhauers denkwürdige Bezeichnung für das Leib-Seele-Problem) aufzulösen. Der unerläßliche Schritt besteht in einem kritischen Überdenken der Bedeutung der Begriffe »geistig« und »körperlich« – und im Zusammenhang damit einer gründlichen Klärung traditioneller philosophischer Begriffe wie »privat« und »öffentlich«, »subjektiv« und »objektiv«, »psychischer Raum (psychische Räume)« und »physischer Raum«, Intentionalität, Zweckgerichtetheit usw. Die Lösung, die mir am vernünftigsten scheint und die mit einem durchgängigen Naturalismus ohne weiteres vereinbar ist, besteht in einer *Theorie der Identität* des Geistigen und des Physischen – im folgenden Sinne: Bestimmte neurophysiologische Begriffe bezeichnen (oder beziehen sich auf) genau dieselben Ereignisse, die durch bestimmte phänomenologische Begriffe bezeichnet oder gemeint werden. Die Identifizierung der Objekte dieser doppelten Beziehung ist natürlich logisch zufällig, obwohl sie ein ganz fundamentales Merkmal unserer Welt, wie wir sie inzwischen in modernster wissenschaftlicher Anschauung begreifen, darstellt. Wenn wir uns Freges Unterscheidung zwischen *Sinn* (Bedeutung im herkömmlichen Sinn, Intension) und *Bedeutung* (Bezeichnetes, Extension) zu eigen machen, dann können wir sagen, daß neurophysiologische Begriffe und die entsprechenden phänomenalen Begriffe tatsächlich ein und dasselbe *bedeuten*, obgleich sie in ihrem »Sinn« und daher auch in den Bestätigungsweisen der in ihnen enthaltenen Aussagen weit auseinandergehen. Das, was sie bedeuten, sehe ich als die unmittelbar erfahrenen Qualitäten oder ihre Konfigurationen in den verschiedenen phänomenologischen Bereichen an. [. . .] Vereinfacht die Identitätstheorie unsere Weltanschauung? Ich glaube, ja. Statt zwei verschiedene Bereiche oder zwei parallele Ereignistypen anzunehmen, gehen wir von nur einer Wirklichkeit aus, die in zwei verschiedenen Begriffssystemen dargestellt wird – einerseits in dem der Physik und andererseits in dem (nach meiner Meinung nur auf einen extrem kleinen Teil der Welt anwendbaren) der phänomenologischen Psychologie. Ich bin mir völlig der Tatsache bewußt, daß die so zustande gekommene Vereinfachung eine Angelegenheit *philosophischer* Interpretation ist. Für eine schlüssige, zusammenschauende Erklärung der relevanten Fakten der Wahrnehmung, Introspektion und Psychosomatik sowie der Logik der Theorienbildung in den physikalischen Wissenschaften ist die Identitätstheorie – denke ich – jeder anderen vorgeschlagenen Lösung des Leib-Seele-Problems vorzuziehen.

5. John C. Eccles: Gehirn und Geist

Ich möchte hier kurz auf die von Karl Popper stammende philosophische Grundlage meiner Erörterung verweisen. Wie Abbildung 1 veranschaulicht, ist alles Bestehende und alle Erfahrung in einer der folgenden drei Welten enthalten: *Welt 1,* die Welt der physikalischen Gegenstände und Zustände; *Welt 2,* die Welt der Bewußtseinszustände und des subjektiven Wissens jeglicher Art; *Welt 3,* die Welt der vom Menschen geschaffenen Kultur, einschließlich der Gesamtheit des Wissens in objektiver Form. Außerdem nimmt man an, daß zwischen diesen Welten Wechselwirkungen bestehen, und zwar herrscht eine Wechselwirkung zwischen Welt 1 und Welt 2 sowie auch zwischen Welt 2 und Welt 3 – teilweise durch die Vermittlung über Welt 1. Das objektive Wissen, das zur Welt 3 (der vom Menschen geschaffenen Welt der Kultur) gehört, ist in den verschiedenen Objekten der Welt 1 – in Büchern, Bildern, Strukturen, Maschinen – festgehalten und kann nur dann wahrgenommen und erkannt werden, wenn es durch die geeigneten Rezeptororgane und afferenten Bahnen zum Gehirn geleitet wird.

Umgekehrt kann die Welt der bewußten Erfahrung (Welt 2) auch Veränderungen in der Welt 1 bewirken, zunächst im Gehirn, das dann entsprechende Muskelkontraktionen zur Folge hat. Auf diese Weise ist die Welt 2 in der Lage, extensiv auf die Welt 1 einzuwirken. Dies ist der Ablauf der Willkürbewegung, die später noch eingehender behandelt wird. Die dieser trialistisch-interaktionistischen Hypothese zugrunde liegenden Wechselwirkungen kann man graphisch folgendermaßen darstellen: Welt 1 ↔ Welt 2 und Welt 3 ↔ Welt 1 ↔ Welt 2, wobei der Ausdruck Welt 2 → Welt 1 das Problem der Willkürbewegung enthält und Welt 1 → Welt 2 das Problem der bewußten Wahrnehmung.

WELT 1 Materielle Objekte u. Zustände	⇄	WELT 2 Bewußtseinszustände	⇄	WELT 3 Wissen in objektiver Form
1. Unbelebt Alle Materie und Energie im Kosmos 2. Biologisch Materielle Substrate ("Körper"), physiologische Prozesse und Verhalten aller lebenden Organismen (einschließlich des menschlichen Gehirns) 3. Künstlich geschaffene Gegenstände, Werkzeuge, Maschinen, Bücher, Kunstwerke, Musikinstrumente, Gebäude usw.		Subjektives Wissen Subjektives Erleben in jeglicher Form, z.B.: Wahrnehmungen Denkvorgänge Gefühle Absichten Erinnerungen Träume Vorstellungen usw.		Aufzeichnungen intellektueller Bemühungen philosophisch theologisch naturwissenschaftlich historisch literarisch künstlerisch technisch Theoretische Systeme wissenschaftliche Probleme kritische Argumente

Abb. 1: Tabellarische Darstellung von Poppers Modell der drei Welten, die alles Existierende und alle Erfahrungen umfassen

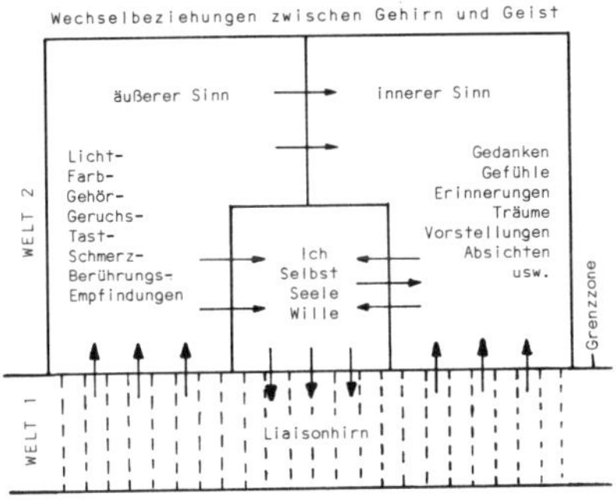

Abb. 2: Diagramm des Informationszuflusses zwischen Gehirn und Geist. [...]

Abbildung 2 definiert das Problem Gehirn und Geist sehr knapp in Form der drei Hauptkomponenten, die allgemein für Welt 2 angenommen werden. Da ist zunächst der äußere Sinn, der sich spezifisch auf die Wahrnehmungen bezieht, die unmittelbar durch die Inputs der Sinnesorgane (Auge, Gehör, Tastsinn, Geruchs-, Geschmacks- und Schmerzrezeptoren usw.) vermittelt werden. Zweitens gibt es den inneren Sinn, der eine große Vielzahl kognitiver Erfahrungen umfaßt: Gedanken, Gefühle, Erinnerungen, Träume, Vorstellungen, Absichten. Drittens, und zwar im Kern von Welt 2, liegt das Selbst oder das Ich, das die Grundlage der persönlichen Identität und Kontinuität darstellt, die jeder von uns sein ganzes Leben hindurch erfährt und das zum Beispiel auch die täglich während des Schlafs auftretenden Bewußtseinslücken überbrückt. Jeden Tag kehrt unser Bewußtsein zurück, wobei seine Kontinuität im wesentlichen erhalten bleibt, ungebrochen durch die während des Schlafs verbrachten Stunden der Bewußtlosigkeit. [...] [Es] muß darauf hingewiesen werden, daß keines der in Welt 2 aufgeführten Items (Abb. 2) als solches auch in Welt 1 existiert, obgleich es für unsere äußeren Sinne gewöhnlich irgendein Signalsystem in Welt 1 gibt, so z. B. elektromagnetische Wellen für Licht und Farbe, Druckwellen in der Luft für Schall, chemische Substanzen für Geschmack und Geruch. [...]

Kritik der Identitätstheorie

Diese Theorie [...] postuliert, daß geistige Prozesse (Welt 2) »identisch« seien mit gewissen Gehirnprozessen (Welt 1 in den Abb. 1 und 2). Die geistigen Prozesse werden von innen her erlebt (Wissen durch Bekanntschaft), wohingegen die »identischen« Vorgänge im Gehirn von außen her erlebt werden (Wissen durch Beschreibung). Zwischen Welt 1 und Welt 2 finde keine Wechselwirkung statt. Die geistigen Prozesse seien einfach die physikalischen Vorgänge im Gehirn oder vielmehr eine Unterklasse der Gehirnvorgänge. Aufgrund dieser Identität seien die geistigen Prozesse real und wirksam. Diese psychophysikalische Identitätstheorie wurde von Herbert Feigl [...] bis in alle Einzelheiten entwickelt und erklärt. [...]

Bei dem Versuch, dieses grundlegende Konzept der Identität zu erklären, hat man verschiedene Analogien oder Metaphern vorgeschlagen: der Morgenstern und der Abendstern als ein und derselbe Stern, nämlich der Planet Venus; Nebel und Wolke als Innen- bzw. Außenansicht einer Ansammlung feiner Wassertröpfchen. [...]

Ein entscheidender Mangel der Identitätstheorie jeglicher Art ist, daß diese Hypothese keine Erklärung dafür zu geben vermag, daß gewisse Vorgänge im Gehirn – z. B. Impulse, synaptische Übertragung, raumzeitliche Erregungsmuster – dieses außerordentliche geistige Gegenstück haben. Außerdem gibt es auch keine Erklärung dafür, wie die ungeheuere Vielgestaltigkeit neuronaler Vorgänge vom einen Augenblick zum nächsten zu einer Einheit bewußter Erfahrung zusammengefügt wird. Die angebliche Identität wird lediglich als Behauptung vorgetragen, und zwar mit dem Vorbehalt, daß Beweise schließlich durch die derzeitigen Programme der Hirnforschung erbracht würden. Es wird jedoch keinerlei Versuch unternommen, Forschungsprogramme zu spezifizieren, von denen man annehmen könnte, sie seien geeignet, solche empirische Daten zu liefern. [...]

Konsequent dualistische Interaktionstheorie über das Gehirn und den sich seiner selbst bewußten Geist

Gleich am Anfang sei kurz festgestellt, daß der sich seiner selbst bewußte Geist eine selbständig bestehende Einheit darstellt und aktiv damit beschäftigt ist, aus den vielfältigen Aktivitäten des Neuronenapparats der Hirnrinde, entsprechend seiner Aufmerksamkeit und seinem Interesse, abzulesen, wobei er diese Auslese integriert, um von Augenblick zu Augenblick die Einheit des bewußten Erlebens zu bieten. Dabei wird angenommen, das Bewußtsein arbeite wie eine Filmkamera, wobei die von Augenblick zu Augenblick getätigten Momentaufnahmen derart aufeinanderfolgen, daß – wie im Film – ein kontinuierlicher Eindruck entsteht. Der sich seiner selbst bewußte Geist wirkt aber auch in selektiver Weise zurück auf den neuronalen Apparat. Infolgedessen wird behauptet, daß der sich seiner selbst bewußte Geist bei den neuronalen Vorgängen eine übergeordnete interpretierende und kontrollierende Funktion ausübt, und zwar aufgrund einer Wechselwirkung zwischen Welt 1 und Welt 2, wie sie die von und zu dem Liaisonhirn weisenden Pfeile in Abbildung 2 anzeigen.

Bei der Formulierung einer konsequent dualistischen Hypothese stützen wir uns auf die folgenden sechs Grundsätze:

1. Wir nehmen an, die Erfahrungen des sich seiner selbst bewußten Geistes hätten eine enge Beziehung zu neuronalen Vorgängen in besonderen Arealen des Neokortex, die zusammen das Liaisonhirn bilden, wobei eine Wechselwirkungsbeziehung eintritt, die einen gewissen Grad von Übereinstimmung, aber nicht von Identität ergibt. [...]

2. Die Erfahrung des sich seiner selbst bewußten Geistes hat ganzheitlichen Charakter. Wir sind allerdings in der Lage, uns bald auf diesen, bald auf jenen Ausschnitt der in einem beliebigen Augenblick stattfindenden Gehirntätigkeit zu konzentrieren. Dieses fokussierende Sich-Konzentrieren ist ein Phänomen, das als *Aufmerksamkeit* bekannt ist.

3. Die von den Sinnesorganen kommenden Informationen werden dem Gehirn und dessen neuronalen Strukturen als komplexe raumzeitliche Impulsmuster übermittelt, aber beim Überqueren der Grenze (nach oben gerichtete Pfeile in Abb. 2) verwandeln sie sich auf wunderbare Weise in die vielfältigen Erfahrungen, die für unsere Wahrnehmungswelt charakteristisch sind und die einer von den Vorgängen in der Neuronenmaschinerie völlig verschiedenen Seinsweise zugehören.

4. Wir machen fortwährend die Erfahrung, daß der sich seiner selbst bewußte Geist tatsächlich auf Gehirnvorgänge einwirken kann (abwärts über die Grenzlinie gerichtete Pfeile in Abb. 2). Dies sieht man ganz deutlich bei den Willkürbewegungen, wie weiter unten beschrieben wird. Während unseres Lebens können wir jederzeit Vorgänge im Neuronenmechanismus hervorrufen, die im EEG sichtbar werden, wenn wir z. B. versuchen, uns an etwas zu erinnern oder im Geist eine Rechenaufgabe zu lösen, oder nach einem passenden Wort suchen, um einen bestimmten Gedanken auszudrücken.

5. Eine Wechselwirkung über die in Abbildung 2 aufgezeichnete Grenze erfolgt nur dann, wenn im Neuronenmechanismus des Liaisonhirns ein hohes Ausmaß an verschiedenartiger Aktivität besteht. Bei einem zu geringen Aktivitätsniveau herrscht Bewußtlosigkeit wie etwa in der Narkose oder im Koma. Bei ganz heftigen Anfällen (z. B. Epilepsie) herrscht ebenfalls Bewußtlosigkeit.

6. Wir müssen eine Hypothese aufstellen, die berücksichtigt, daß Welt 1 für Einflüsse aus Welt 2, d. h. aus der Welt der bewußten Erfahrung, geöffnet ist. Popper bringt die Notwendigkeit irgendeines Schlupflochs in der scheinbaren Geschlossenheit von Welt 1, d. h. der Welt der Materie und der Energie (vgl. Abb. 1), sehr gut zum Ausdruck. Es reicht seiner Meinung nach nicht aus, sich hier nur auf die statistische Unbestimmtheit

auf der Ebene der Quantenmechanik zu berufen. Popper stellt fest, daß eine zwar indeterministische, jedoch in sich geschlossene Welt 1 »eine vom bloßen Zufall regierte Welt wäre. Dieser Indeterminismus ist notwendig, aber gleichwohl nicht ausreichend, um menschliche Freiheit und insbesondere menschliche Kreativität zuzulassen. Was wir wirklich brauchen, ist die Einsicht, daß Welt 1 unvollständig ist, daß sie durch Welt 2 beeinflußt und mit ihr in Wechselwirkung treten kann, oder daß sie gegenüber Welt 2 kausal offen ist und somit auch gegenüber Welt 3. Damit kommen wir zu unserem zentralen Punkt zurück: Wir haben davon auszugehen, das Welt 1 nicht unabhängig oder in sich ›geschlossen‹, sondern offen gegenüber Welt 2 ist.

John B. Watson und Hubert Rohracher

Der Standpunkt, den man zum Leib-Seele-Problem einnimmt, hat eine unmittelbare Auswirkung auf die Methode der Wissenschaft, die noch heute »Seelenkunde« heißt, die Psychologie.

6. John B. Watson: Psychologie ohne Seele

In Amerika sind noch immer zwei entgegengesetzte Standpunkte im psychologischen Denken vorherrschend: auf der einen Seite die introspektive oder subjektive Psychologie, auf der anderen Seite der Behaviorismus oder die objektive Psychologie. Bevor im Jahre 1912 der Behaviorismus aufkam, wurde das psychologische Leben an den amerikanischen Universitäten ausnahmslos von der introspektiven Psychologie beherrscht.

Die hervorragenden Vertreter der introspektiven Psychologie [...] behaupten [...], *daß der Gegenstand der Psychologie das Bewußtsein sei.*

Im Gegensatz dazu vertritt der Behaviorismus die Auffassung, daß der Gegenstand der Psychologie *das menschliche Verhalten ist.* Der Behaviorismus behauptet, daß das Bewußtsein weder ein erklärbarer noch ein nützlicher Begriff ist. Der Behaviorist, der immer auch als Experimentator ausgebildet ist, meint weiterhin, daß der Glaube an die Existenz eines Bewußtseins aus den alten Zeiten des Aberglaubens und der Magie herrührt. [...]

Ein Beispiel für eine solche religiöse Vorstellung ist zum Beispiel die Annahme, daß jedes Individuum eine *Seele* hat, die vom *Körper* eindeutig verschieden ist. Diese Seele ist in Wirklichkeit Teil eines höheren Wesens. Diese alte Auffassung führte zum philosophischen Konzept des »Dualismus«. In der Psychologie tauchte dieses Dogma von Anfang an auf. Niemand hat jemals eine Seele berührt oder sie in einem Reagenzglas gesehen oder ist auch nur in irgendeiner Weise mit ihr in Berührung gekommen wie mit anderen Objekten des täglichen Lebens. Dennoch bedeutete ein Zweifel an ihrer Existenz Ketzerei und hat früher unter Umständen den Kopf kosten können. Auch heutzutage wagt keiner, der im Licht der Öffentlichkeit steht, die Existenz der Seele in Zweifel zu ziehen. [. . .]

Im Jahre 1912 kamen die objektiven Psychologen oder Behavioristen zu dem Schluß, [. . .] daß keine Psychologie, die das religiöse Leib-Seele-Problem mit einbeziehe, jemals zu nachprüfbaren Ergebnissen kommen könne. Sie faßten den Entschluß, die Psychologie entweder aufzugeben oder aber zu einer Naturwissenschaft zu machen. Sie sahen, wie ihre wissenschaftlichen Kollegen in der Medizin, Chemie und Physik Fortschritte machten. Jede neue Entdeckung auf diesen Gebieten war von größter Bedeutung; jedes neue Element, das in einem Labor isoliert worden war, konnte auch in jedem anderen Labor isoliert werden; jedes neue Element wurde unverzüglich in das Gewebe der gesamten Wissenschaft aufgenommen. Als Beispiele seien nur Rundfunk, Radium, Insulin und Thyroxin erwähnt. Elemente, die so isoliert, und Methoden, die so formuliert worden waren, setzten sich sofort in menschliche Leistungen um.

Bei seinen ersten Anstrengungen, Gegenstand und Methode zu präzisieren, begann der Behaviorist das Problem der Psychologie neu zu formulieren und dabei alle mittelalterlichen Vorstellungen über Bord zu werfen. Er strich aus seinem wissenschaftlichen Vokabular alle subjektiven Termini wie Empfindung, Wahrnehmung, Vorstellung, Wunsch, Absicht oder sogar Denken und Gefühl, soweit diese Begriffe subjektiv definiert waren.

Der Behaviorist fragt: Warum machen wir nicht das, was wir *beobachten* können, zum eigentlichen Gebiet der Psychologie? Wir wollen uns auf Dinge beschränken, die beobachtbar sind, und Gesetze formulieren, die sich nur auf solche Dinge beziehen. Was aber können wir beobachten? Wir können *Verhalten* beobachten – *das, was der Organismus tut oder sagt.* Wir wollen sofort darauf hinweisen: Sprechen ist Tun – das heißt, *sich verhalten.* Laut sprechen oder zu sich selbst sprechen (denken) ist als Verhalten genauso objektiv wie Baseballspielen.

Das ist der Ausgangspunkt für den Behaviorismus. Man wird bald feststellen, daß die Selbstbeobachtung nicht der einfachste und natürlichste, sondern ein unmöglicher Weg für das Studium der Psychologie ist. Man kann an sich selbst nur ganz elementare Reaktionsarten beobachten. Wenn man andererseits aber untersucht, was unser Mitmensch tut, entdeckt man, daß man sehr schnell Übung darin erwirbt, einen Grund für sein Verhalten anzugeben und auch Reizsituationen zu setzen, die ihn zu einem voraussagbaren Verhalten veranlassen.

Die Regel oder der Maßstab, den der Behaviorist ständig vor Augen hat, lautet: Kann ich den Verhaltensausschnitt, den ich wahrnehme, in den Begriffen »Reiz und Reaktion« beschreiben? Unter einem Reiz verstehen wir jedes Objekt in der allgemeinen Umwelt oder jede Veränderung in den

Geweben selbst, die durch den physiologischen Zustand des Lebewesens bedingt ist, etwa die Veränderung, die sich ergibt, wenn man ein Lebewesen daran hindert, sexuell aktiv zu sein, Nahrung aufzunehmen oder sich ein Nest zu bauen. Unter einer Reaktion verstehen wir alles, was das Lebewesen tut – zum Beispiel sich dem Licht zu- oder von ihm abwenden, bei einem Geräusch aufspringen und auch höher organisierte Tätigkeiten, wie Wolkenkratzer errichten, Pläne schmieden, Babys bekommen, Bücher schreiben und anderes mehr. [. . .]

7. Hubert Rohracher: Selbstbeobachtung in der Psychologie

Damit man über einen Naturvorgang etwas Sicheres aussagen kann, muß man ihn beobachten. Um etwas über das Verhalten elektrischer Ströme zu erfahren, muß man sie durch Instrumente schicken, an denen ein Zeiger ausschlägt, der uns die Stärke dieser Ströme anzeigt; um zu erfahren, wie sich eine chemische Substanz verhält, wenn man sie mit einer anderen vermischt, gibt man sie in ein Reagenzglas und gießt die zweite hinzu. Alles dies ist nicht besonders schwierig: den Ausschlag des Zeigers und die Veränderungen im Reagenzglas kann man *sehen*. Über andere Vorgänge geben andere Sinnesfunktionen Aufschluß: die Temperatur einer Flüssigkeit merken wir an der eingetauchten Hand; ob sie süß oder sauer ist, lehrt uns unsere Zunge. Die Höhe oder Tiefe eines Tones stellen wir unmittelbar mit dem Gehör fest. Solche Beobachtungen von Naturerscheinungen sind leicht; wie soll man aber *seelisch-geistige* Vorgänge und Zustände beobachten, die man weder sehen noch hören, noch tasten oder riechen kann?

Von der Antwort, die man auf diese Fragen gibt, hängt für die Psychologie *alles* ab. Ob ihr überhaupt der Rang einer Wissenschaft zukommt, ob sie eine Naturwissenschaft oder eine Geisteswissenschaft ist, ob sie hoffen darf, jemals zu so gesicherten Ergebnissen zu kommen, daß man Voraussagen machen kann – alles dies ist durch die Methodik der Psychologie im voraus entschieden. Man muß in dieser Frage zu voller Klarheit kommen, wenn man Psychologie treiben will.

Der grundsätzliche Unterschied zwischen den Forschungsmethoden der Psychologie und der übrigen Wissenschaft läßt sich sehr kurz formulieren: in allen anderen Wissenschaften hat man Dinge oder Vorgänge zu untersuchen, die außerhalb des eigenen Erlebens liegen, während man in der Psychologie gezwungen ist, die eigenen Erlebnisse zu beschreiben. Das Objekt der Psychologie – das bewußte Erleben – findet man nirgendwo anders als in sich selbst; und wenn man die Erlebnisse anderer Menschen untersuchen will, so kann man dies nur tun, wenn man von ihnen etwas darüber erfährt, d. h. wenn sie ihre Erlebnisse schildern, was wieder nur jeder einzelne an sich selbst durchführen kann. Die wichtigste Methode der Psychologie ist daher die *Selbstbeobachtung*: die Beschreibung des eigenen bewußten Erlebens. Diese Methode hat aber schwere Mängel: sie kann immer nur von einem einzigen Menschen durchgeführt werden, sie führt nie zu Resultaten, die sich in Maßen und Zahlen ausdrücken lassen, und sie ermöglicht keine scharfen Definitionen. So läßt sich z. B. die Stärke eines Gefühles nicht in Maßeinheiten angeben, und die Gefühle, die ein Mensch in einer bestimmten Zeit erlebt, lassen sich nicht zählen; überdies kann man aber einem Menschen, der aus eigener Erfahrung keine Gefühle kennt, durch keine Definition klarmachen, was Gefühle sind.

Es ist klar, daß eine solche »Psychologie«, die das Psychische, nämlich das bewußte Erleben, von vornherein ausschließt, nur zu äußerst dürftigen Erkenntnissen über das Seelenleben des erwachsenen Menschen führen kann; und daß auch die Ergebnisse der Experimente an Tieren und kleinen Kindern unfruchtbar bleiben, solange man sie nicht erlebnis-psychologisch interpretiert, d. h. Triebe, Gefühle und Empfindungen als Ursachen des Verhaltens annimmt.

Natürlich soll man in der Psychologie so weit als nur möglich objektive Methoden anwenden; leider ist, wie die behavioristische Forschung gezeigt hat, ihre Verwendung nur innerhalb sehr enger Grenzen möglich. Man muß daher versuchen, die Mängel der subjektiven Selbstbeobachtungs-Methode möglichst auszugleichen. Gegen die Gefahr, daß der einzelne Mensch Beobachtungsfehlern unterliegt, kann man weitgehend dadurch aufkommen, daß man viele Menschen in die gleiche Situation bringt und aus ihren Erlebnisberichten feststellt, ob gleiche Erlebnisse aufgetreten sind; man kann 100 Menschen unter gleichen Bedingungen zwei Geräusche vorführen und fragen, welches lauter war, oder ihnen die Aufgaben »27 mal 13« stellen und beschreiben lassen, wie sie bei der Lösung vorgegangen sind. Wenn die Berichte übereinstimmen, so hat man das Recht zu der Annahme, daß alle gleichartige Erlebnisse hatten. Der zweite Mangel – daß man Erlebnisse nicht zählen und messen kann – läßt sich allerdings nicht beseitigen, wohl aber abschwächen: man kann von einer Empfindung oder einem Gefühl nicht sagen, *wie stark* es war, wohl aber, ob es stärker oder schwächer war als ein anderes; man kann dabei hohe Grade von Genauigkeit erreichen, indem man feststellt, wann eine Empfindung »gerade eben merkbar« stärker ist als eine andere. Der dritte Mangel – Nichtdefinierbarkeit des Erlebens – läßt sich dadurch weitgehend aufheben, daß man Beispiele verwendet und an ihnen die entscheidenden Merkmale der einzelnen Erlebnisarten demonstriert: das Erlebnis, das auftritt, wenn ein sehr geliebter Angehöriger stirbt, ist fast allen Menschen als Gefühl der »Trauer« bekannt, die Empfindung am Finger, den man in kochendes Wasser steckt, kennt fast jedermann als »heiß« und den Zustand, der sich einstellt, wenn man lange nichts gegessen hat, als »Hunger«. Soll man auf den Gebrauch dieser Worte verzichten, weil sie Zustände bezeichnen, die der Mensch immer nur an sich selbst und niemals von außen her »objektiv« an anderen feststellen kann? Das wäre eine närrische Beschränkung unserer Erkenntnismöglichkeiten, die nur mit dem philosophischen »Solipsismus« vergleichbar ist, mit dem der strenge Behaviorismus manche Gemeinsamkeiten aufweist. Im praktischen Leben ist ohne die Verwendung von Erlebniswörtern nicht auszukommen, und sie werden ohne Schwierigkeiten verstanden; wenn ein Mensch sagt: »Ich habe Durst, ich möchte ein Glas Wasser trinken«, so ist dies für jeden anderen verständlich (sowohl der Zustand »Durst« wie das Erlebnis »ich möchte«) – soll es ausgerechnet dem Psychologen unverständlich bleiben? Und ist es, um diese Zustände exakt zu definieren, notwendig zu sagen: das Verhalten von Menschen, die längere Zeit nichts getrunken haben, besteht in der Aufnahme von Flüssigkeiten (wobei das Erlebnis »ich möchte« überhaupt unbeschreibbar bleibt)?

Solche Übertreibungen des behavioristischen Standpunktes führen nur zu müßigen Diskussionen, aber nicht zu neuen Erkenntnissen. Zweifellos ist der erlebnispsychologischen Methode von manchen psychologischen Richtungen zuviel zugemutet worden; es kam zu Erlebnisbeschreibungen, die wirklich in höchstem Grade unklar und daher unbrauchbar sind. Deshalb braucht man aber die Selbstbeobachtungsmethode nicht überhaupt aufzugeben; wenn man sie mit Sorgfalt und Kritik an genügend vielen Personen unter gleichen äußeren Bedingungen anwendet, führt sie in Verbindung mit den anderen psychologischen Methoden zu verläßlichen Resultaten. Die Verhaltens-Beobachtung behält in den Bereichen, in denen keine anderen Forschungswege möglich sind, natürlich ihre Bedeutung, vor allem in der Kinder- und Tierpsychologie.

V. Kapitel: Selbstkritik und Selbstzweifel: Gegenwartskultur

Die folgenden Texte stellen wichtige Aspekte der wohl einflußreichsten deutschen Anthropologie, derjenigen Arnold Gehlens, dar, wobei der Zusammenhang zwischen seinem Menschenbild und seiner Kulturkritik klar wird. Durch Kontrastierung mit Gegenpositionen werden der Diskussion Möglichkeiten eröffnet – und so wird zugleich eine »typisch« menschliche Fähigkeit realisiert.

1. Arnold Gehlen: Mängelwesen Mensch

Morphologisch ist nämlich der Mensch im Gegensatz zu allen höheren Säugern hauptsächlich durch *Mängel* bestimmt, die jeweils im exakt biologischen Sinne als Unangepaßtheiten, Unspezialisiertheiten, als Primitivismen, d. h. als Unentwickeltes zu bezeichnen sind: also wesentlich negativ. Es fehlt das Haarkleid und damit der natürliche Witterungsschutz; es fehlen natürliche Angriffsorgane, aber auch eine zur Flucht geeignete Körperbildung; der Mensch wird von den meisten Tieren an Schärfe der Sinne übertroffen, er hat einen geradezu lebensgefährlichen Mangel an echten Instinkten, und er unterliegt während der ganzen Säuglings- und Kinderzeit einer ganz unvergleichlich langfristigen Schutzbedürftigkeit. Mit anderen Worten: innerhalb *natürlicher,* urwüchsiger Bedingungen würde er als bodenlebend inmitten der gewandtesten Fluchttiere und der gefährlichsten Raubtiere schon längst ausgerottet sein.

Die Tendenz der Naturentwicklung geht nämlich dahin, organisch hochspezialisierte Formen in ihre je ganz bestimmten Umwelten einzupassen, also die unübersehbar mannigfaltigen in der Natur zustande kommenden »Milieus« als Lebensräume für darin eingepaßte Lebewesen auszunutzen. Die flachen Ränder tropischer Gewässer wie die ozeanische Tiefsee, die kahlen Abhänge nördlicher Alpengebirge wie das Unterholz lichter Mischwälder sind ebenso *spezifische* Umwelten für spezialisierte, nur darin lebensfähige Tiere, wie die Haut der Warmblüter für die Parasiten, und so in unzähligen, je besonderen Fällen. Der Mensch dagegen hat, morphologisch gesehen, so gut wie keine Spezialisierungen. Er besteht aus einer Reihe von Unspezialisiertheiten, die unter entwicklungsbiologischem Gesichtspunkt als Primitivismen erscheinen: sein Gebiß z. B. hat eine primitive Lückenlosigkeit und eine Unbestimmtheit der Struktur, die es weder zu einem Pflanzenfresser- noch zu einem Fleischfressergebiß, d. h. Raubtiergebiß machen. Gegenüber den Großaffen, die hochspezialisierte Baumtiere mit überentwickelten Armen für Hangelkletterei sind, die Kletterfuß, Haarkleid und gewaltigen Eckzahn haben, ist der Mensch als Naturwesen gesehen hoffnungslos unangepaßt. Er ist von einer einzigartigen, [...] biologischen Mittellosigkeit, und er vergütet diesen Mangel allein durch seine *Arbeitsfähigkeit* oder Handlungsgabe, d. h. durch Hände und Intelligenz; eben deshalb ist er aufgerichtet, »umsichtig«, mit freigelegten Händen. [...]

Die Resultate der neueren Biologie geben uns die Möglichkeit, die exponierte und riskierte Konstitution des Menschen in einen weiteren Zusammenhang zu stellen. Die »Umwelt« der meisten Tiere, und gerade der höheren Säuger ist das nicht auswechselbare Milieu, an das der spezialisierte Organbau des Tieres angepaßt ist, innerhalb dessen wieder die ebenso artspezifischen, angeborenen Instinktbewegungen arbeiten. Spezialisierter Organbau und Umwelt sind also Begriffe, die sich gegenseitig voraussetzen. Wenn nun der Mensch *Welt* hat, nämlich eine deutliche Nichteingegrenztheit des Wahrnehmbaren auf die Bedingungen des biologischen Sichhaltens, so bedeutet auch dies zunächst eine negative Tatsache. Der Mensch ist weltoffen heißt: er *entbehrt* der tierischen Einpassung in ein Ausschnitt-Milieu. Die ungemeine Reiz- oder Eindrucksoffenheit gegenüber Wahrnehmungen, die keine angeborene Signalfunktion haben, stellt zweifellos eine erhebliche Belastung dar, die in sehr besonderen Akten bewältigt werden muß. Die physische Unspezialisiertheit des Menschen, seine organische Mittellosigkeit sowie der erstaunliche Mangel an echten Instinkten bilden also unter sich einen Zusammenhang, zu dem die »Weltoffenheit« (M. Scheler) oder, was dasselbe ist, die Umweltenthebung den Gegenbegriff bilden. Umgekehrt entsprechen beim Tier die Organspezialisierung, das Instinktrepertoire und die Umweltfesselung einander. Es ist das anthropologisch entscheidend wichtig. Wir haben damit einen Strukturbegriff des Menschen, der *nicht* auf dem Merkmal des Verstandes, Geistes usw. allein beruht, und bewegen uns also von nun an jenseits der oben erwähnten Alternative, entweder einen nur graduellen Unterschied zwischen dem Menschen und den ihm nächststehenden Tieren annehmen, oder den Wesensunterschied bloß in den Geist setzen zu müssen. Wir haben jetzt dagegen den »Entwurf« eines organisch mangelhaften, *deswegen* weltoffenen, d. h. in keinem *bestimmten* Ausschnitt-Milieu *natürlich* lebensfähigen Wesens, und verstehen jetzt auch, was es mit den Bestimmungen auf sich hat, der Mensch sei »nicht festgestellt« oder »sich selbst noch Aufgabe«: Es muß die bloße Existenzfähigkeit eines solchen Wesens fraglich sein, und die bare Lebensfristung ein Problem, das zu lösen der Mensch allein auf sich selbst gestellt ist, und wozu er die Möglichkeiten aus sich selbst herauszuholen hat. Das wäre also das handelnde Wesen. Da der Mensch lebensfähig ist, müssen die Bedingungen zur Lösung dieses Problems in ihm liegen, und wenn bei ihm schon die Existenz eine Aufgabe und schwierige Leistung ist, so muß diese Leistung durch die *gesamte* Struktur des Menschen hindurch nachweisbar sein. Alle seine besonderen menschlichen Fähigkeiten sind auf die Frage zu beziehen: Wie ist ein so monströses Wesen lebensfähig, und damit ist das Recht der biologischen Fragestellung gesichert. Eine biologische Betrachtung des Menschen besteht also nicht darin, seine Physis mit der des Schimpansen zu vergleichen, sondern besteht in der Beantwortung der Frage: wie ist dieses mit jedem Tier wesentlich unvergleichbare Wesen lebensfähig?

Denn schon die Weltoffenheit ist, von daher gesehen, grundsätzlich eine *Belastung*. Der Mensch unterliegt einer durchaus untierischen *Reizüberflutung*, der »unzweckmäßigen« Fülle einströmender Eindrücke, die er irgendwie zu bewältigen hat. Ihm steht nicht eine Umwelt instinktiv nahegebrachter Bedeutungsverteilung gegenüber, sondern eine Welt – richtig negativ ausgedrückt: ein *Überraschungsfeld* unvorhersehbarer Struktur, das erst in »Vorsicht« und »Vorsehung« durchgearbeitet, d. h. erfahren werden muß. Schon hier liegt eine Aufgabe physischer und lebenswichtiger Dringlichkeit: aus eigenen Mitteln und eigentätig muß der Mensch *sich entlasten, d. h. die Mängelbedingungen seiner Existenz eigentätig in Chancen seiner Lebensfristung umarbeiten*. [...]

Infolge seiner organischen Primitivität und Mittellosigkeit ist der Mensch in jeder wirklich natürlichen und urwüchsigen Natursphäre lebensunfähig. Er hat also den Ausfall der ihm organisch versagten Mittel selbst einzuholen, und dies geschieht, indem er die Welt tätig ins Lebensdienliche umarbeitet. Er muß die ihm organisch versagten Schutz- und Angriffswaffen ebenso wie seine in keiner Weise natürlich zu Gebote stehende Nahrung sich selbst »präparieren«, muß zu diesem Zweck Sacherfahrungen machen und Techniken der objektiven, sachentsprechenden Behandlung entwikkeln. Er muß für Witterungsschutz sorgen, seine abnorm lange unentwikkelten Kinder ernähren und großziehen und bedarf schon aus dieser elementaren Nötigung heraus der Zusammenarbeit, also der Verständigung. Der Mensch ist, um existenzfähig zu sein, auf Umschaffung und Bewältigung der Natur hin gebaut, und deswegen auch auf die Möglichkeit der *Erfahrung* der Welt hin: er ist handelndes Wesen, weil er unspezialisiert ist, und also der natürlich angepaßten Umwelt entbehrt. Der Inbegriff der von ihm ins Lebensdienliche umgearbeiteten Natur heißt *Kultur*, und die Kulturwelt ist die menschliche Welt. Es gibt für ihn keine Existenzmöglichkeit in der unveränderten, in der nicht »entgifteten« Natur, und es gibt keinen »Naturmenschen« im strengen Sinne: d. h. keine menschliche Gesellschaft ohne Waffen, ohne Feuer, ohne präparierte und künstliche Nahrung, ohne Obdach und ohne Formen der hergestellten Kooperation. Die Kultur ist also die »zweite Natur« – will sagen: die menschliche, die selbsttätig bearbeitete, innerhalb deren er allein leben kann – und die »unnatürliche«

Kultur ist die *Auswirkung* eines einmaligen, selbst »unnatürlichen«, d. h. im Gegensatz zum Tier konstruierten Wesens in der Welt. *An genau der Stelle,* wo beim Tier die »Umwelt« steht, steht daher beim Menschen die *Kulturwelt,* d. h. der Ausschnitt der von ihm bewältigten und zu Lebenshilfen umgeschaffenen Natur. Schon deswegen ist es grundfalsch, von einer Umwelt des Menschen – im biologisch definierten Sinne – zu reden. Beim Menschen entspricht der Unspezialisiertheit seines Baues die Weltoffenheit, und der Mittellosigkeit seiner Physis die von ihm selbst geschaffene »zweite Natur«. Hierin liegt übrigens der Grund, warum der Mensch im Gegensatz zu fast allen Tierarten nicht geographisch natürliche und unüberschreitbare Daseinsbereiche hat. Fast jede Tierart ist eingepaßt in ihr klimatisch, ökologisch usw. konstantes »Milieu«, der Mensch allein überall auf der Erde lebensfähig, unter dem Pol und dem Äquator, auf dem Wasser und auf dem Lande, in Wald, Sumpf, Gebirge und Steppe. Er ist dann lebensfähig, wenn er dort Möglichkeiten erzeugen kann, sich eine zweite Natur zurechtzumachen, in der er dann statt in der »Natur« existiert.

2. Adolf Portmann: Ein Mangel als Vorzug

Die Vorstellungen vom Mängelwesen haben sich mit anderen Bildern kombiniert. Ist es nicht so, als bewahre der Mensch in seiner Erscheinung kindliche, ja in gewissem Sinne sogar embryonale Züge bis in seine Reifeform? Nur an weniges mag kurz erinnert werden: Der Anteil des Gehirns am Aufbau des Kopfes ist im Embryo wie im erwachsenen Menschen besonders groß; die Stirn bestimmt das Gesichtsprofil, im Gegensatz zu den meisten andern Säugern, auch mancher Menschenaffen, deren Schnauze vorsteht. Man hat außerdem hingewiesen auf die Nacktheit der Haut, die gleichsam ein Verharren auf diesem embryonalen Frühzustand bedeute; man hat auch das lange Offenbleiben unserer Schädelnähte beachtet. Auf besonders primitive Züge unserer Organisation wurde hingewiesen, so etwa auf das Bewahren der ursprünglichen Fünfzahl der Finger und Zehen im Vergleich zur extremen Umformung etwa der vorderen Gliedmaßen zum Vogelflügel oder zum Pferde- oder Antilopenbein. Auch die Auflösung vieler Instinkte, die das tierische Leben sichern, spielt im Katalog der menschlichen Mängel eine Rolle. Aus allen diesen Einzelheiten ist in den zwanziger Jahren die Theorie des holländischen Anatomen Louis Bolk entstanden, der wesentliche Züge der Menschengestalt als ein Auswachsen und Reifen auf embryonaler Formstufe zu erklären versucht und zugleich auf die Verlangsamung unserer Entwicklung hinweist. »Fötalisierung« und »Retardation« waren die Stichworte, die eine Zeitlang in der Diskussion der Biologen eine beträchtliche Bedeutung hatten. Diese Idee hat auch das Zukunftsdenken mancher Biologen mächtig inspiriert und zu Bildern geführt, die den kommenden Menschen beinahe als ein wandelndes Gehirn mit kindlichen Zügen darstellen. Man hat den Gedanken weiter ausgesponnen: manche Reifegestalten im Tierreich seien nichts anderes als geschlechtsreif gewordene und vergrößerte Larvenformen, so etwa wie Schnecken. Reifwerden auf früher Entwicklungsstufe erschien als ein Mittel, dessen sich die natürliche Evolution für das Umgestalten lebendiger Formen bedient.

Doch halten diese kühnen Gedankenspiele einer genaueren Prüfung nicht immer stand! Sie vereinfachen den äußeren Anblick; die vertiefte Untersuchung führt uns vor sehr schwer faßbare Zusammenhänge. Prüfen wir etwas sorgsamer ein einzelnes Phänomen: die menschliche Nacktheit. Wir brauchen nicht lange zu suchen, um zu erfahren, daß es sich ganz und gar nicht um das Beharren auf einer embryonalen Formstufe handeln kann, sondern um eine in der Stammesgeschichte spät eingetretene Unterdrükkung des für Säugetiere üblichen Haarkleides. Mit dieser Unterdrückung geht eine eigenartige Umwandlung gewisser Hautbezirke Hand in Hand. Dort, wo bei niederen Säugetieren kleine Gruppen von besonders langen Sinneshaaren sich ausformen, bilden sich bei uns trotz der Nacktheit des Körpers besondere Restzonen der normalen Behaarung. Es sind die Stellen wie etwa die Augenbrauen, die Oberlippen, das Kinn und die Wangen. Schon diese Verwandlung weist auf sehr komplizierte, im einzelnen unerklärbare stammesgeschichtliche Änderungen hin, von denen wir manche auch bei den uns verwandten Affenformen entdecken. Ebenso bedeutsam ist die Tatsache, daß die von Haaren freie Hautfläche eine bedeutende Vermehrung von Sinnesorganen aufweist. Die Nervenzellen dieser Hautsinne liegen in den seitlichen Ganglien des Rückenmarks und des Hirnstammes. Man kann die Zunahme dieser Sinnesfunktion messen, indem man im Querschnitt des Halsmarks die Fläche der Nervenbahnen bestimmt, die mit diesen Sinnesleistungen in Zusammenhang stehen. Bei einem Kaninchen beträgt der Anteil dieser Sinneszellen 21% der Querschnittfläche, er steigt bei der Katze auf 26% und bei niederen Affenformen auf 29%; beim Menschen aber beträgt er 39%! Es zeigt sich also, daß mit unserer Nacktheit eine gesteigerte Sinnesfunktion der Haut erreicht wird und zugleich eine für das Erscheinungsbild der Menschentypen wichtige Differenzierung der noch verbleibenden Behaarungszonen.

3. Arnold Gehlen: Institutionen als Halt

Hierbei ergaben sich Einsichten, die auf einem anderen Wege nicht angefallen wären, zunächst nämlich eine frappante Hinsicht auf eine der wichtigsten menschlichen Grundeigenschaften. Gemeint ist die Reduktion und Verunsicherung des Instinktlebens, die Plastizität und Flüssigkeit auch der

Instinktqualitäten. Um den Zusammenhang zwischen dieser Unbestimmtheit und Unvoraussagbarkeit des menschlichen Verhaltens, von den Antrieben her gesehen, und den Institutionen klarzumachen, zitiere ich am besten die kurze Formel von Ilse Schwidetzki in dem Fischer-Lexikon »Anthropologie«: »Die Instinkte bestimmen beim Menschen nicht, wie beim Tier, einzelne festgelegte Verhaltensabläufe. Statt dessen nimmt jede Kultur aus der Vielheit der möglichen menschlichen Verhaltensweisen bestimmte Varianten heraus und erhebt sie zu gesellschaftlich sanktionierten *Verhaltensmustern*, die für alle Glieder der Gruppe verbindlich sind. Solche kulturellen Verhaltensmuster oder *Institutionen* bedeuten für das Individuum eine *Entlastung* von allzu vielen Entscheidungen, einen Wegweiser durch die Fülle von Eindrücken und Reizen, von denen der weltoffene Mensch überflutet wird.«

Unter diesen Gesichtspunkten erscheinen die Institutionen einmal als die Formen der Bewältigung lebenswichtiger Aufgaben oder Umstände, so wie die Fortpflanung oder die Verteidigung oder die Ernährung ein geregeltes und dauerndes Zusammenwirken erfordern; sie erscheinen von der anderen Seite als die *stabilisierenden* Gewalten: Sie sind die Formen, die ein seiner Natur nach riskiertes und unstabiles, affektüberlastetes Wesen findet, um sich gegenseitig und um sich selbst zu ertragen, etwas, worauf man in sich und den anderen zählen und sich verlassen kann. Auf der einen Seite werden in diesen Institutionen die Zwecke des Lebens gemeinsam angefaßt und betrieben, auf der anderen Seite orientieren sich die Menschen in ihnen zu endgültigen Bestimmtheiten des Tun und Lassens, mit dem außerordentlichen Gewinn einer Stabilisierung auch des Innenlebens, so daß sie nicht bei jeder Gelegenheit sich affektiv auseinanderzusetzen oder Grundsatzentscheidungen sich abzuzwingen haben.

Der einzelne erlebt nun in der Tat eine Institution wie das Eigentum oder die Ehe als ein überpersönliches vorgefundenes Muster, dem er sich einordnet; oder in anderen Fällen tritt er in eine Institution seines Berufes, eine Behörde, eine Fabrik ein in dem Bewußtsein, daß sie als dieselbe seit langem bestand und bestehen wird, im Wechsel der Menschen, die in sie ein- oder wieder austreten. [...] Die Formen, in denen die Menschen miteinander leben oder arbeiten, in denen sich die Herrschaft ausgestaltet oder der Kontakt mit dem Übersinnlichen – sie alle gerinnen zu Gestalten eigenen Gewichts, den *Institutionen,* die schließlich den Individuen gegenüber etwas wie eine Selbstmacht gewinnen, so daß man das Verhalten des einzelnen in der Regel ziemlich sicher voraussagen kann, wenn man seine Stellung in dem System der Gesellschaft kennt, wenn man weiß, von welchen Institutionen er eingefaßt ist.

4. Hans Paul Schmidt: Eine offene Frage

Als Max Scheler die dramatische Sonderstellung des Menschen als »weltoffen« bezeichnete, war für ihn dieser Begriff Ausdruck einer latenten Bedrohung des Menschen. Es ging nicht um die Frage der Lebenserweiterung, sondern der *Lebenssicherung* und Lebensfristung. Die »Weltoffenheit« wurde grundsätzlich als eine *Belastung* verstanden. [. . .]

Die Institutionalisierung der Sinn- und Handlungszusammenhänge soll demnach Menschen von ihrer persönlichen Verhaltensoffenheit entlasten und allgemeinen Verhaltensmustern verpflichten, die auf diese Weise Zwangscharakter erhalten, da im Abweichungsfalle Sanktionen drohen. Die Institutionen dienen der Aufhebung eines Mangels in »der biologischen Verfassung des Menschen« (Moral und Hypermoral, a. a O. S. 96). [. . .]

Die Frage, wie die Institutionalisierung von Sinn- und Handlungszusammenhängen die menschlichen Möglichkeiten nicht verengen, sondern erweitern kann – wie sie nicht nur begrenzte Gefüge stabilisiert, sondern zugleich Veränderungsstrategien ermöglicht und wie sie nicht nur eine »zweite Natur« sicherstellt, sondern Menschen und Menschheit als Subjekt der Geschichte zur Urteils- und Handlungsfähigkeit verhelfen – das alles bleibt eine offene, ja noch nicht einmal klar gestellte Frage.

Es könnte ja sein, daß der Mensch nicht nur »die Mängelbedingungen seiner Existenz eigentätig in Chancen seiner Lebensfristung umarbeiten« kann, sondern daß noch andere Chancen darauf warten, wahrgenommen zu werden.

5. Arnold Gehlen: Eine Gefahr gegenwärtiger Kultur

Wir leben gegenwärtig in Europa und Amerika [. . .] unter einer zu großen Belastung mit rein intellektuellen Anforderungen unserer Kultur. Wir leben unter einem dauernden Bombardement zusammenhangloser Tatsachen, die wir geistig und moralisch bewältigen sollen. Die amerikanischen Autoren haben dafür eine vorzügliche Formel: »too much discriminative strain« – sagen sie, zu viel Unterscheidungs- und Entscheidungsdruck. Die Zeit zur ordentlichen Verarbeitung der Eindrücke im Bewußtsein fehlt, die nicht gesiebten und geklärten Eindrücke bilden aber doch wohl ein Residuum, einen Restbestand, der uns nervös und stimmungsmäßig belastet. Wir können die komplizierten und schnell wechselnden Situationen auch affektiv nicht zusammenhalten, wir können unser Verhalten immer weniger auf eingelebte Gewohnheiten stützen. Und da man Gewohnheiten nicht allein hat, sondern gerade sie zum größten Teil unseren Zusammenhang mit anderen ausmachen, so wird die Möglichkeit geringer, sich auf das gleichförmige Verhalten dieser anderen zu verlassen. Schließlich haben wir uns durch immer weitergetriebene geistige Unterrichtung und Gegenunterrichtung [. . .] an die Unsicherheit gefesselt.

Man muß also wohl zugeben: Es sieht so aus, als ob in dem Element »Tradition« etwas für unsere innere Gesundheit Unverzichtbares steckte. In Traditionen des Verhaltens, des Wertens und Geltenlassens werden doch, in langen Zeiten herausexperimentiert, Fundamente gelegt, die man nicht dauernd in Frage stellen muß, die keine Entscheidungszumutungen stellen, weil sie habitualisiert sind. Und außerdem ist unser Einverständnis mit den anderen im gleichen Traditionsrahmen ja konfliktlos schon gegeben. [. . .] Das ist eine ungeheure Entlastung, die wir für eine ewige Belastung mit dem »discriminative strain«, dem Unterscheidungs- und Entscheidungsdruck, preisgegeben haben. [. . .] Dagegen sollen wir in dieser traditionsfressenden Zeit immerfort Jetztbewältigungen erfinden. Bei einem per se nicht festgestellten Wesen gehören Traditionen überhaupt zu den Grundbedingungen nervöser Gesundheit, sie gehören in das kleine Einmaleins der Kultur.

6. Arnold Gehlen/Theodor W. Adorno: Diskussion über Institutionen

Adorno: Wir sind uns darüber einig, daß die Menschen heute [. . .] von den Institutionen und das heißt hier in erster Linie von der ins Ungeheuerliche zusammengeballten Wirtschaft und in zweiter von den Verwaltungen in einem umfassenden Sinn, die aber mit der Wirtschaft teils fusioniert und teils ihr nachgebildet sind, daß die Menschen also davon abhängig sind. – [. . .] Sie sind dazu geneigt, diese Institutionen als eine Notwendigkeit aufgrund der Mangelsituation des Menschen [. . .] zu bejahen, prinzipielle, und zu sagen: »Ohne diese Übermacht der auch den Menschen gegenüber verselbständigten« oder wie ich sagen würde, verdinglichten und entfremdeten – »Institutionen würde es nicht gehen. Sie entlasten die Menschen, die sonst unter der Last aller möglichen Dinge, die sie gar nicht mehr bewältigen können, zusammenbrechen würden. Sie geben den Menschen allerhand Direktiven« [. . .] – Demgegenüber würde ich sagen: Auf der einen Seite ist genau diese Macht der Institutionen über die Menschen das, was man in der alten Sprache der Philosophie als heteronom bezeichnete, [. . .] sie stehen den Menschen als eine fremde und bedrohliche Macht entgegen. [. . .] Sie sind [. . .] geneigt [. . .] diese Art Fatalität als etwas Schicksalhaftes und letztlich auf die Natur des Menschen Zurückweisendes zu akzeptieren. Und ich würde sagen, diese Fatalität selber liegt daran, daß menschliche Verhältnisse und Beziehungen zwischen Menschen sich selbst undurchsichtig geworden sind und dadurch, daß sie von sich selbst – nämlich als Beziehungen zwischen Menschen – nichts mehr wissen, den Menschen gegenüber diesen übermächtigen Charakter angenommen haben. [. . .] dem würde zunächst einmal entgegenzustellen sein die Analyse, die kritische Analyse dieser Institutionen und dann schließlich die Frage, [...] ob [...] diese Institutionen zu verändern wären und solche an ihre Stelle zu setzen, die für die Menschen vielleicht [...], weniger entlastend sind als die Institutionen heute, aber auch dafür nicht diese entsetzlich drückende Last sind, die jeden einzelnen unter sich zu begraben droht und die schließlich so etwas wie die Bildung eines freien Subjekts überhaupt nicht mehr zuläßt. [...] Ich meine [...] die Frage, ob die Institutionen wirklich eine Notwendigkeit der Menschennatur sind oder ob sie die Frucht einer geschichtlichen Entwicklung sind, deren Gründe durchsichtig sind und die sich unter Umständen auch verändern läßt [...].

Gehlen: Herr Adorno, ich gebe Ihnen vollkommen zu, diese fundamentalen anthropologischen Einrichtungen, wie Familie, Recht, Ehe, Eigentum usw. Wirtschaft, Zusammenwirtschaften, bieten ein ungeheuer mannigfaches Bild in der Geschichte, und ich kann auch nicht absehen, daß sich diese Substanzen selbst einmal auflösen. Sie werden sich weiter transformieren. Aber [...] Sie fragen mehr: ›Warum insistieren Sie denn so auf den Institutionen?‹ [...]

Adorno: Damit kein Mißverständnis ist: ich insistiere in gewisser Weise genauso, weil ich auch glaube, daß die Übergewalt der Institutionen über die Menschen, jedenfalls für die heutige Situation, der Schlüssel ist. Nur kommen wir dabei wahrscheinlich zu unterschiedlichen Konsequenzen.

Gehlen: Ja, ja. Mal sehen. Wir müssen doch endlich den Streitpunkt finden. Er liegt vielleicht darin, daß ich geneigt bin, wie Aristoteles [...] dem Gesichtspunkt der Sicherheit eine große Rolle einzuräumen. Ich glaube, daß die Institutionen Bändigungen der Verfallsbereitschaft des Menschen sind. Ich glaube auch, daß die Institutionen den Menschen vor sich selbst schützen. Gewiß auch Freiheit beschränken. Aber man sieht ja immer wieder, daß es Revolutionäre gibt.[...]

Adorno: [...] diese Verpflichtung kann [...] ebenso die Gestalt der Anpassung und der Unterordnung haben, die Sie mir stärker zu betonen scheinen, wie auch die, die ich stärker betonen würde, [...] das zu verändern, was verhindert – und zwar alle Menschen verhindert – innerhalb dieser gegebenen Verhältnisse ihre eigene Möglichkeit zu leben und also das zu verwirklichen, was als Potential in ihnen steckt.

Gehlen: [...] Woher wissen Sie denn, was als Potential in den Menschen ungelenkt steckt?

Adorno: [...] Ich weiß aus allen möglichen [...] Teilansichten, daß die Anpassungsprozesse, denen die Menschen heute gerade unterworfen sind, in einem unbeschreiblichen Umfang [...] auf Verkrüppelung der Menschen hinauslaufen. [...] Allein die psychologische Beobachtung all der ungezählten defekten Menschen [...] – und der Defekt ist ja, [...] zur Norm überhaupt heute geworden – diese berechtigt dazu, zu sagen, daß die Potentialitäten der Menschen durch die Institutionen in einem noch nie dagewesenen Maß verkümmern und unterdrückt werden.

Gehlen: Das glaube ich eben nicht. Nicht wahr, wir sind beide ungefähr gleich alt und wir haben nun alle erlebt: vier Regierungsformen, drei Revolutionen und zwei Weltkriege.

Adorno: Ja.

Gehlen: In der Zeit ist doch ungeheuer viel an Institutionen zerrieben und abgebaut worden. Der Erfolg ist eine allgemeine innere Unsicherheit und das, was ich als subjektivistisch mit einem Minuszeichen versehe. Ich meine das innere Gewoge. Das wird jetzt laut, das ist die Öffentlichkeit. [. . .] Da bin ich doch dafür, daß man das, was an Institutionen da ist, nun auch [. . .] konserviert. Und da kann ja dann wirklich jeder sehen, an seiner Stelle, daß er da mal etwas verbessert, aber damit kann man nicht anfangen. [. . .] Erst muß man hineingehen, muß ziemlich viel schlucken. [. . .]

Adorno: Das würde ich auch zugeben. Ich meine nur, mit der Unsicherheit ist es so furchtbar weit nicht her. [. . .] Die Welt, in der es nichts gibt, an das man sich halten kann, wie es bei Brecht heißt, ist denn die nicht auch weitgehend ein Mythos? Ich mache eigentlich [. . .] die Beobachtung, daß die Menschen sich viel zu genau in den ihnen vorgezeichneten Bahnen bewegen, daß sie viel zu wenig Widerstand überhaupt noch aufbringen. [. . .] Die Menschen sind heute wesentlich Anhängsel der Maschinerie und nicht die ihrer selbst mächtigen Subjekte. Ich will ja gar nichts anderes, als daß die Welt so eingerichtet wird, daß die Menschen nicht ihre überflüssigen Anhängsel sind, sondern [. . .] daß die Dinge um der Menschen willen da sind und nicht die Menschen um der Dinge willen, die sie noch dazu selbst gemacht haben. Und daß die Institutionen schließlich auf die Menschen selbst zurückweisen, das ist für mich jedenfalls ein sehr geringer Trost.

Gehlen: Ja, das Kind, das sich hinter der Schürze der Mutter versteckt, das hat zugleich Angst und das Minimum oder Optimum an Sicherheit, das die Situation hergibt. Herr Adorno, Sie sehen hier natürlich wieder das Problem der Mündigkeit. Glauben Sie wirklich, daß man die Belastung mit Grundsatzproblematik, mit Reflexionsaufwand, mit tief nachwirkenden Lebensirrtümern, die wir durchgemacht haben, weil wir versucht haben, uns freizuschwimmen, daß man die allen Menschen zumuten sollte? [. . .]

Adorno: [. . .] Ja! Ich habe eine Vorstellung von objektivem Glück und objektiver Verzweiflung, und ich würde sagen, daß die Menschen so lange, wie man sie entlastet und ihnen nicht die ganze Verantwortung und Selbstbestimmung zumutet, daß so lange auch ihr Wohlbefinden und ihr Glück in dieser Welt ein Schein ist. Und ein Schein, der eines Tages platzen wird. Und wenn er platzt, wird das entsetzliche Folgen haben.

Gehlen: Da sind wir nun genau an dem Punkt, wo Sie ›ja‹ und ich ›nein‹ sage [. . .] alles, was man vom Menschen seit je bis heute weiß und formulieren kann, würde dahin weisen, daß Ihr Standpunkt ein anthropologisch-utopischer [...] ist. ...

Adorno: So utopisch [...] nicht. [...] Ich meine, die Not, die die Menschen zu diesen Entlastungen treibt, ist gerade die Belastung, die von den Institutionen, also von der ihnen fremden und über sie übermächtigen Einrichtung der Welt ihnen angetan wird. [...] Und das scheint mir geradezu ein Urphänomen der Anthropologie heute zu sein, daß die Menschen sich flüchten zu genau der Macht, die ihnen das Unheil [...] antut. Die Tiefenpsychologie hat dafür einen Ausdruck, sie nennt das nämlich ›Identifikation mit dem Angreifer‹. [...] Was mir die Gefahr in Ihrer Position erscheint, bei der ich den Untergrund einer tiefen Verzweiflung [...] nicht überhöre, ist dieses: daß ich fürchte, daß Sie manchmal [...] dieser Identifikation mit dem Angreifer sich überantworten, das heißt, daß Sie sich theoretisch mit eben der Macht identifizieren, die Sie selber, wie wir alle, fürchten [...].

Gehlen: Ich möchte [...] einen Gegenvorwurf anbringen. Obzwar ich das Gefühl habe, daß wir uns in tiefen Prämissen einig sind, habe ich den Eindruck, daß es gefährlich ist und daß Sie die Neigung haben, den Menschen mit dem bißchen unzufrieden zu machen, was ihm aus dem ganzen katastrophalen Zustand noch in den Händen geblieben ist.

Adorno: Ja, dann möchte ich darauf wirklich den Satz von Grabbe zitieren: »Denn nichts als nur Verzweiflung kann uns retten.«

7. Günther Anders: Mängelwesen Mensch?

Ein neuer »Vergleichsgegenstand« tritt neben das Tier; der Mensch muß sich gegen seine Produkte definieren: was unterscheidet ihn z. B. vom Computer? Anders entdeckt das Mängelwesen Mensch von neuem.

Und nun zu dem Ausdruck: »Der Mensch desertiert ins Lager seiner Geräte«.

Was war mit dieser Metapher gemeint?

Gemessen an seinen Aufgaben, belehrte ein amerikanischer Luftwaffen-Instruktor seine Kadetten, sei der Mensch, wie die Natur ihn nun einmal hervorgebracht habe, eine *»faulty construction«,* eine Fehlkonstruktion.

Gleich, ob ernsthaft oder als Scherz gemeint, ein besseres Zeugnis für »Desertion« ist gar nicht denkbar. Denn als Konstruktion, gar als »fehlerhafte«, kann der Mensch natürlich nur sub specie der Geräte gelten. Nur wenn diese Kategorie sowohl als universal anwendbar wie als erschöpfend anerkannt ist, kann die Umdeutung stattfinden, kann das Nichtkonstruierte als Schlechtkonstruiertes erscheinen.

Daß, was Kraft, Tempo, Präzision betrifft, der Mensch seinen Apparaten unterlegen ist; daß auch seine Denkleistungen, verglichen mit denen seiner

›computing machines‹, schlecht abschneiden, ist ja unbestreitbar. Von seinem (den Geräten entliehenen) Gesichtspunkt aus hat der Instruktor also recht. Dies um so mehr, als er ja diese Art von Konkurrenz-Unfähigkeit schon gar nicht mehr im Auge hat – mit der sich zu befassen, würde er sich vermutlich bereits schämen – sondern eine ungleich modernere: denn was er meint, ist ja *nicht, der Mensch als Gerät neben Geräten, sondern der Mensch als Gerät für Geräte;* der Mensch als Werkstück innerhalb bereits gebauter Maschinerien oder innerhalb bereits festgelegter technischer Entwürfe. Als solchen nennt er ihn ›faulty‹ – was also so viel bedeutet, wie ›schlecht passend‹, ›unangemessen‹, nicht nach Maß gearbeitet. »Nicht nach Maß gearbeitet« könnte allerdings noch immer bedeuten, daß er nur formlos sei, ungeprägt und bloßer Rohstoff. Aber auch das ist er ja nicht einmal, denn er *ist* ja präformiert, er *ist* ja geprägt, er *hat* ja seine Form: nur eben eine falsche. Nicht nur nicht nach Maß gearbeitet ist er also, sondern, da sich eben nur Stoff bearbeiten läßt, auch nicht nach Maß bearbeitbar; es sei denn, er, der bereits geprägte, werde zum Material degradiert, als » altes Eisen« betrachtet und als solches behandelt: also aufgeschmolzen. [. . .]

Aus dem Blickpunkt der Geräte muß diese Unfähigkeit, sich anmessen zu lassen, natürlich als ›Anmaßung‹ erscheinen, ja als skandalöse Auflehnung und Revolte. Und in den Augen dessen, der die Maßstäbe der Geräte zu den seinen gemacht hat, als ein blamables Versagen. Hinter der Formel des Instruktor steht also, selbst wenn er sie als bon mot gemeint haben sollte, eine unterstellte Indignation der Geräte und die Scham des Menschen. [. . .]

Nichts läge nun näher als die Beschwichtigung: »Wie groß auch immer der Kraft-, Tempo- und Präzisionsvorsprung der Geräte – als Dinge sind und bleiben sie eben starre und definitive Stücke; während wir Menschen – und das macht unsere Würde ja aus – lebendig sind, modellierbar, adaptionsfähig, elastisch, also *frei.*« – Aber gerade das würde der Luftwaffen-Instruktor bestreiten. »Umgekehrt!« würde er rufen. »Wenn ich uns Menschen ›faulty constructions‹ nenne, so ja gerade deshalb, weil wir im Vergleich mit den Dingen starr sind und unfrei!«

Was meint er? Wie käme er dazu?

Vergessen wir für einen Augenblick die zur Stolz-Schablone gewordene Unterscheidung zwischen totem Ding und lebendigem Menschen.

Unsere Produktewelt definiert sich ja nicht durch die Summe einzelner endgültiger Stücke, sondern durch einen Prozeß: durch die täglich neue Produktion täglich neuer Stücke. Sie ›definiert‹ sich also gar nicht, vielmehr ist sie indefinit, offen, plastisch, täglich umbaubegierig, täglich adaptionsbereit für neue Situationen, täglich auf dem Sprung in neue Aufgaben; täglich stellt sie sich, in error and trial-Methoden umgebaut, als andere dar.

Und wir? Und unser Leib?

Nichts von täglichem Wechsel. Unser Leib von heute ist der von gestern, noch heute der Leib unserer Eltern, noch heute der Leib unserer Ahnen;

[. . .] Er ist morphologisch konstant; moralisch gesprochen: unfrei, widerspenstig und stur; aus der Perspektive der Geräte gesehen: konservativ, unprogressiv, antiquiert, unrevidierbar, ein Totgewicht im Aufstieg der Geräte. Kurz: *die Subjekte von Freiheit und Unfreiheit sind ausgetauscht. Frei sind die Dinge: unfrei ist der Mensch.*

Und das und nichts anderes hatte der Instruktor gemeint, als er den Menschen eine ›faulty construction‹ genannt hatte. Seine Redensart war weit mehr als ein bon mot gewesen. Denn wenn wir unterstellen [. . .], daß ihm die Zukunftsaufgaben der Technik am Herzen liegen, dann waren seine Worte von ernstester Sorge diktiert: *von der Sorge* nämlich, *unser Leib werde,* wenn diese Kluft zwischen ihm und unseren Produkten sich verbreitere oder auch nur konstant bleibe, *alle unsere* (aus neuen Geräten sich als fällig ergebenden) *neuen Projekte bedrohen* und eines nach dem anderen zum Scheitern bringen.

»An sich«, könnte der Instruktor nämlich argumentieren, »also wenn es allein auf die Geräte ankäme, könnten wir so oder so hoch fliegen – aber dieses ›an sich‹ gilt nicht, wir können es doch nicht, weil *wir* es nicht aushielten, weil unser Leib streiken würde; ›an sich‹ könnten wir diesen oder jenen Planeten erreichen – aber *wir* stehen uns eben im Wege, *wir* bestehen eben die Zerreißprobe nicht;« [. . .]

Nicht die schlechteste Definition des Zeitgenossen wäre deshalb – und unser Instruktor würde sie gewiß unterschreiben: – »*Der Mensch ist der Saboteur seiner eigenen Leistungen.*« »Saboteur« natürlich nicht deshalb, weil er seinen eigenen Produkten mutwillig etwas antäte (denn trotz aller Vernichtungswaffen liegt ihm ja nichts ferner als das, und selbstloser als unser Zeitgenosse seinen Geräten gegenüber ist ja der Mensch keinem Wesen gegenüber jemals gewesen) sondern eben, weil er, der »Lebendige«, starr und »unfrei« ist; die »toten Dinge« dagegen dynamisch und »frei« sind; weil er, als Naturprodukt, als Geborener, als Leib, zu eindeutig definiert ist, als daß er die Veränderungen seiner, aller Selbstdefinierung spottenden, täglich wechselnden, Gerätewelt mitmachen könnte. Sorgenvoll, beschämt und mit schlechtem Gewissen blickt er daher auf seine hochtalentierten Kinder, deren Zukunft er zu ruinieren fürchtet, weil er sie weder ohne jede Begleitung auf Karriere schicken noch sie begleiten kann. Und oft geschieht es, daß er, der lahme Vater (der unfähig, am Hochfluge persönlich teilzunehmen, zuhause bleiben und das Bett seiner Irdischkeit hüten muß), seinen flüggen Kindern Domestiken mitgibt, die ihn ersetzen sollen; Begleitmannschaften nämlich und Kontrollöre, denen er selbst wiederum Gerätform verleiht (z. B. die Registrierinstrumente, die er seinen Raketen und künstlichen Satelliten einbaut); oder in einem anderen Bilde: daß er sich gezwungen sieht, ihnen bumeranghafte Post mitzugeben: nämlich mit Fragezeichen gefüllte und mit dem Vermerk: »zurück an den Absender« versehene Questionnaires, denen er den Auftrag erteilt, aus dem Weltall in ausgefüllter Form zu ihm zurückzukehren und ihm dasjenige zu melden, was er selbst gern unterwegs festgestellt haben würde, wenn er in der Lage gewesen wäre, an der Reise teilzunehmen.

Je größer das Elend des produzierenden Menschen wird, je weniger er seinen Machwerken gewachsen ist, um so pausenloser, um so unermüdlicher, um so gieriger, um so panischer vermehrt er das Beamtenvolk seiner Geräte, seiner Untergeräte und Unteruntergeräte; und vermehrt damit sein Elend natürlich auch wieder: denn je vielköpfiger und je komplizierter diese selbstgeschaffene Bürokratie seiner Geräte wird, um so vergeblicher werden seine Versuche, ihr gewachsen zu bleiben. So daß man wohl mit Recht behaupten darf, daß seine Misere eine Akkumulation der Geräte, und diese wiederum die Akkumulation seiner Misere zur Folge hat. – Gute Zeiten, da die Idylle der Hydra noch als Schrecksage galt!

VI. Kapitel: Menschenverachtung und Menschlichkeit

Helmuth Plessner untersucht die wachsende Gefahr der Menschenverachtung und bietet damit einen reizvollen Gegensatz zu Herders inzwischen ebenso klassischer wie utopischer Vorstellung von Humanität. Beide Autoren schildern wiederum Phänomene des menschlichen Selbstbezugs, zeigen dessen extreme Formen auf und wären also auch in Kapitel III einzuordnen, wurden aber wegen der Grundsätzlichkeit ihrer Probleme hier als eigenes Kapitel ausgegliedert.

1. Helmuth Plessner: Menschenverachtung

Das Milieu der modernen Welt bietet der Misanthropie, wenn ich recht sehe, durch vier Tendenzen einen besonders günstigen Nährboden, Tendenzen, die auf vielfältige Weise miteinander verbunden sind und sich gegenseitig verstärken. Als erste Tendenz nenne ich die Vermassung. Sie tritt im Zuge der Verstädterung und Industrialisierung an jeden von uns in den Formen sowohl der Entfremdung und Entfernung des Nächsten als auch der Annäherung des Fremden heran. In primitiven Zuständen, die noch lange Zeit auf dem Lande bewahrt geblieben sind, herrscht eine durchgehend klare Abgrenzung zwischen dem Kreis der sich Nahestehenden und den Fremden. Vertrauen und Mißtrauen sind hier wie dort am Platze, nur anders stilisiert, während es eine dritte Zone diffuser und unverbindlicher Fremdnähe, wie sie unser heutiges verkehrsintensives Leben beherrscht, praktisch nicht gibt. Waren früher die Kreise, in und mit denen man lebte, überschaubar und die individuellen Beziehungen zwischen Freund und Feind, Bekannten und Fremden von Gewicht, so werden sie heute mehr und mehr von einer amorphen Öffentlichkeit überdeckt, die aus allen möglichen Dienstleistungen, Sachbeziehungen und flüchtigen Begegnungen besteht. Jeder kommt mit unendlich mehr Menschen, und sei's auch nur visuell, in Kontakt, als er jemals verarbeiten kann, so daß der einzelne an Interesse und Gesicht verliert und in der Menge [...] untergeht. In diesem flüchtigen Medium gedeiht die verallgemeinernde Abstraktion, die Verwischung der Unterschiede, die Abkühlung der zwischenmenschlichen Temperatur. Wo aber der einzelne nichts und das Ganze alles ist, hat die Misanthropie leichtes Spiel und wird dem Schein nach zur Wahrheit, da der Mensch in der Masse die Züge einbüßt, die ihn zum Menschen machen.

Eine zweite Tendenz findet ihren Ausdruck in der zunehmenden Organisierung und Bürokratisierung, die längst nicht mehr an den Grenzen des Staates haltmacht. So groß die Unterschiede zwischen freier und gebundener Wirtschaft sein mögen und so erfolgreich die Entscheidungen, von denen die Güterproduktion, der Arbeitsmarkt, der Lebensstandard abhängen – niemand mehr kann die Augen davor verschließen, daß die soziale Planung in den industriell fortschrittlichsten Ländern zur Hauptsache nur noch von Zweckmäßigkeitserwägungen abhängt, das heißt auf technische und nicht mehr auf ethische Bedenken stößt. Der Widerstand gegen Eingriffe des Staates und der öffentlichen Körperschaften in die Privatsphäre des einzelnen ist im Schwinden, denn sie selbst ist im Vergleich mit den Verhältnissen noch zu Beginn dieses Jahrhunderts weitgehend geschwächt und ausgehöhlt. Die zunehmende Differenzierung und Komplikation des gesellschaftlichen Getriebes bedingt eine zunehmende Überschaubarkeit und Regulierbarkeit seiner Verhältnisse. [. . .] Kaum noch ein Lebensgebiet, es mag von Staat und Wirtschaft noch so weit abzuliegen scheinen, entzieht sich mehr der allgemeinen Fürsorge, dem öffentlichen Interesse und damit dem Eingriff der Verwaltung. [. . .] Die Bewegungsfreiheit wird zunehmend eingeschränkt, das Leben zu Funktion und Instrument. Der Plan ist alles, die Individualität nichts. Wo aber die Ersetzbarkeit des einzelnen so weit vorangetrieben wird, beherrscht die Abstraktion das Feld und hat mit der Durchfunktionalisierung des einzelnen die Misanthropie leichtes Spiel.

An dritter Stelle steht die Wissenschaft, genauer, wenn auch nicht schön gesagt, die Verwissenschaftlichung des Lebens. Sie ist die Schule der Abstraktion und der Verallgemeinerung, sie legt es darauf an, im einzelnen den Typus, das Charakteristikum, die Regel oder das Gesetz zu erkennen. [. . .]

Nicht nur der Blick weitet sich, auch unsere Macht nimmt zu. Was wir durchschauen, können wir beherrschen, glauben wir jedenfalls in unserer Macht zu haben. Dieser Zuwachs an Macht und Einsicht bedeutet eine Entzauberung der Dinge, die, wenn es sich um menschliche Dinge handelt, die wir dann durchschauen, sie um ihre Unnahbarkeit bringt. Unwillkürlich schrumpft im wissenschaftlichen Blickfeld der objektivierte Mensch zum Exemplar, zum Fall. Glaubt der Psychologe, der Genetiker, der Mediziner, der Ökonom die Ursachen eines Verhaltens erkannt zu haben, so tritt auch schon die Individualität in den Lichtkreis allgemeiner Zusammenhänge und Faktoren, denen gegenüber sie an Bedeutung unweigerlich einbüßt. Vorsichtig gesagt: Die Durchschaubarkeit der Menschen wird für unser Gefühl zu einer Bedrohung seines Wertes. [. . .] Erkannt zu sein, zieht also für den Menschen als Objekt der Erkenntnis eine gefühlsmäßige Herabminderung seines Wertes nach sich, die ihre besondere Verschärfung erfährt, wenn es gelingt, die biologischen und triebhaften Faktoren als die durchschlagenden Faktoren für das menschliche Verhalten nachzuweisen und auch von dieser Seite den Menschen als eine Spezies des Tierreichs darzustellen. Wird darum die Wissenschaft als hohe Schule der generalisierenden Abstraktion der generalisierenden Menschenverachtung nicht die schärfsten Waffen in die Hände spielen?

Über die vierte und vielleicht bedeutsamste Tendenz, den modernen Unglauben in einer offiziell christlichen Welt, bedarf es in diesem Zusammenhang nur weniger Worte. Denn es ist mit Händen zu greifen, was hier aus der Beurteilung menschlichen Wesens werden kann, wenn ihm der überlieferte theologische Rückhalt genommen ist. Da sie sich im Fortschritt der allgemeinen Aufklärung der übernatürlichen Rechtfertigungsmöglichkeit der Sünde begeben hat, bleibt das Faktum der Schlechtigkeit der menschlichen Natur als bloßer Rückstand des Dogmas übrig. Mit dieser Situation mögen einzelne Philosophen und freie Geister fertig werden, die Masse der Halbgebildeten wird es nicht. Den vielfach gegensätzlichen Einflüssen von seiten eines nur äußerlich noch angenommenen Glaubens und einer halbbegriffenen Wissenschaft ausgesetzt, wird diese wachsende Schicht des Halbgebildeten eine leichte Beute misanthropischer Auffassung werden, wenn der Horizont der Zeit verdunkelt ist [...].

Schlägt der distanzierende Blick auf den Menschen – und Blickdistanz braucht die moderne Welt – in Aberkennung seiner menschlichen Ehrenrechte, in Leugnung seiner Würde um, und diese Gefahr ist heute größer denn je, dann wird der Mensch als soziales Wesen sich zur Hölle; mit den Worten Sartres »Qu'est-ce que l'enfer? Les autres«. [»Die Hölle – das sind die anderen.«]

Für jede theoretische Bestimmung unseres Wesens haben wir zu zahlen, sie ist ein Vorgriff auf die Praxis, von ihr hängt ab, was aus uns wird. So wie der Mensch sich sieht, wird er; darin besteht seine Freiheit, an der er festzuhalten hat, um Mensch zu sein. Wissen wir die Objektivierung unserer selbst nicht mit der Scheu vor dem Unerkennbaren unseres Wesens in Grenzen zu halten, so werden wir unsere Freiheit aufgeben, und die Verfügungsgewalt über uns selbst wird unser Tod sein.

2. Johann G. Herder: Humanität

3. Da außer der mittheilenden Liebe alle andere zärtlichen Affekten sich mit der *Theilnehmung* begnügen: so hat die Natur den Menschen unter allen Lebendigen zum *theilnehmendsten* geschaffen, weil sie ihn gleichsam aus allem geformt und jedem Reich der Schöpfung in dem Verhältniß ähnlich organisirt hat, als er mit demselben mitfühlen sollte. Sein Fibergebäude ist so elastisch fein und zart, und sein Nervengebäude so verschlungen in alle Theile seines vibrirenden Wesens, daß er als ein Analogon der alles durchführenden Gottheit sich beinah in jedes Geschöpf setzen und gerade in dem Maas mit ihm empfinden kann, als das Geschöpf es bedarf und sein Ganzes es ohne eigene Zerrüttung, ja selbst mit Gefahr derselben,

leidet. Auch an einem Baum nimmt unsre Maschiene Theil, sofern sie ein wachsender grünender Baum ist [. . .]

Auch das Krümmen des zerquetschten Wurms ist einem zarten Menschen nicht gleichgültig; und je vollkommener das Thier ist, je mehr es in seiner Organisation uns nahe kommt: desto mehr Sympathie erregt es in seinem Leiden. Es haben harte Nerven dazu gehört, ein Geschöpf lebendig zu öfnen und in seinen Zuckungen zu behorchen; nur der unersättliche Durst nach Ruhm und Wissenschaft konnte allmälich dies organische Mitgefühl betäuben. [. . .]

4. Schön ist die Kette, an der die allfühlende Mutter die Mitempfindungen ihrer Kinder hält und sie von Gliede zu Gliede hinaufbildet. Wo das Geschöpf noch stumpf und roh ist, kaum für sich zu sorgen: da ward ihm auch die Sorge für seine Kinder nicht anvertrauet. Die Vögel brüten und erziehn ihre Jungen mit Mutterliebe; der sinnlose Strauß dagegen giebt seine Eier dem Sande. [. . .] Durch Eine und dieselbe organische Ursache, dadurch das Geschöpf mehr Gehirn empfängt, empfängt es auch mehr Wärme, gebiehrt Lebendige oder brütet sie aus, säugt und bekommt mütterliche Liebe. Das lebendig gebohrne Geschöpf ist gleichsam ein Knäuel der Nerven des mütterlichen Wesens; das selbstgesäugte Kind ist eine Sproße der Mutterpflanze, die sie als einen Theil von sich nähret. – [. . .]

Bei dem Menschen ist die Mutterliebe höherer Art; eine Sprosse der Humanität seiner aufgerichteten Bildung. Unter dem Auge der Mutter liegt der Säugling auf ihrem Schoos und trinkt die zarteste und feinste Speise. [. . .] Im väterlichen Hause entstand die erste Gesellschaft, durch Bande des Bluts, des Zutrauens und der Liebe verbunden. Also auch um die Wildheit der Menschen zu brechen und sie zum häuslichen Umgange zu gewöhnen, sollte die Kindheit unsres Geschlechts lange Jahre dauren; die Natur zwang und hielt es durch zarte Bande zusammen, daß es sich nicht, wie die bald ausgebildeten Thiere, zerstreuen und vergessen konnte. Nun ward der Vater der Erzieher seines Sohns, wie die Mutter seine Säugerin gewesen war; und so ward ein neues Glied der Humanität geknüpft. Hier lag nemlich der Grund zu einer nothwendigen *menschlichen Gesellschaft*, ohne die kein Mensch aufwachsen, keine Mehrheit von Menschen seyn könnte. Der Mensch ist also zur Gesellschaft *gebohren*; das sagt ihm das Mitgefühl seiner Eltern, das sagen ihm die Jahre seiner langen Kindheit.

5. Da aber das bloße Mitgefühl des Menschen sich nicht über alles verbreiten und bei ihm als einem eingeschränkten, vielorganisirten Wesen in allem was fern von ihm lag, nur ein dunkler, oft unkräftiger Führer seyn konnte: so hatte die richtig-leitende Mutter seine vielfachen und leise verwebten Äste unter eine untrüglichere Richtschnur zusammengeordnet; dies ist die *Regel der Gerechtigkeit und Wahrheit*. Aufrichtig ist der Mensch geschaffen und wie in seiner Gestalt alles dem Haupt dienet, wie seine zwei Augen nur Eine Sache sehen, seine zwei Ohren nur Einen Schall hören; wie

die Natur im ganzen Äussern der Bekleidung überall Symmetrie mit Einheit verband und die Einheit in die Mitte setzte, daß das Zwiefache allenthalben nur auf sie weise: so wurde auch im Innern das große Gesetz der Billigkeit und des Gleichgewichts des Menschen Richtschnur: *was du wilst, daß andre dir nicht thun sollen, thue ihnen auch nicht; was jene dir thun sollen, thue du auch ihnen*. Diese unwidersprechliche Regel ist auch in die Brust des Unmenschen geschrieben: denn wenn Er andre frißt, erwartet er nichts als von ihnen gefressen zu werden. Es ist die Regel des Wahren und Falschen, [...] auf den Bau aller seiner Sinne, ja ich möchte sagen, auf die aufrechte Gestalt des Menschen selbst gegründet. Sähen wir schief, oder fiele das Licht aus: so hätten wir von keiner geraden Linie Begrif. Wäre unsre Organisation ohne Einheit, unsre Gedanken ohne Besonnenheit: so schweiften wir auch in unsern Handlungen in regellosen Krümmen einher und das menschliche Leben hätte weder Vernunft noch Zweck. Das Gesetz der Billigkeit und Wahrheit macht treue Gesellen und Brüder: ja wenn es Platz gewinnt, macht es aus Feinden selbst Freunde. Den ich an meine Brust drücke, drückt auch mich an seine Brust: für den ich mein Leben aufopfere, der opfert es auch für mich auf. Gleichförmigkeit der Gesinnungen also, Einheit des Zwecks bei verschiedenen Menschen, gleichförmige Treue bei Einem Bunde hat alles *Menschen- Völker- und Thierrecht* gestiftet: denn auch Thiere, die in Gesellschaft leben, befolgen der Billigkeit Gesetz und Menschen, die durch List oder Stärke davon weichen, sind die *inhumansten* Geschöpfe, wenn es auch Könige und Monarchen der Welt wären. Ohne strenge Billigkeit und Wahrheit ist keine Vernunft, keine Humanität denkbar.

6. Die aufrechte und schöne Gestalt des Menschen bildete denselben zur *Wohlanständigkeit*: denn diese ist der Wahrheit und Billigkeit schöne Dienerin und Freundin. Wohlanständigkeit des Körpers ist, daß er stehe wie er soll, wie ihn Gott gemacht hat; wahre Schönheit ist nichts, als die angenehme Form der innern Vollkommenheit und Gesundheit. [...] Mit Sitten und Gebehrden ist es nicht anders; nicht anders mit Gebräuchen, Künsten und der menschlichen Sprache. Durch all diese Stücke gehet also Ein' und dieselbe *Humanität* durch, die wenige Völker auf der Erde getroffen und hundert durch Barberei und falsche Künste verunziert haben. Dieser Humanität nachzuforschen ist die ächte *menschliche Philosophie*, die jener Weise vom Himmel rief und die sich im Umgange, wie in der Politik, in Wissenschaften wie in allen Künsten offenbaret.

Endlich ist die *Religion* die höchste Humanität des Menschen und man verwundre sich nicht, daß ich sie hieher rechne. Wenn des Menschen vorzüglichste Gabe Verstand ist: so ists das Geschäft des Verstandes, den Zusammenhang zwischen Ursache und Wirkung aufzuspähen und denselben, wo er ihn nicht gewahr wird, zu ahnen. Der menschliche Verstand thut dieses in allen Sachen, Handthierungen und Künsten: denn auch, wo er einer *angenommenen* Fertigkeit folget, mußte ein früherer Verstand den Zusammenhang zwischen Ursache und Wirkung vestgesetzt und also diese Kunst eingeführt haben. [...] Religion ist also, auch schon als Verstandesübung betrachtet, die höchste Humanität, die erhabenste Blüthe der menschlichen Seele.

Aber sie ist mehr als dies: eine Übung des menschlichen Herzens und die reinste Richtung seiner Fähigkeiten und Kräfte. Wenn der Mensch zur Freiheit erschaffen ist und auf der Erde kein Gesetz hat als das er sich selbst auflegt: so muß er das verwildertste Geschöpf werden, wenn er nicht bald das Gesetz Gottes in der Natur erkennet und der Vollkommenheit des Vaters als Kind nachstrebet. Thiere sind gebohrne Knechte im großen Hause der irrdischen Haushaltung; sklavische Furcht vor Gesetzen und Strafen ist auch das gewisseste Merkmal thierischer Menschen. Der wahre Mensch ist frei und gehorcht aus Güte und Liebe: denn alle Gesetze der Natur, wo er sie einsiehet, sind gut und wo er sie nicht einsiehet, lernt er ihnen mit kindlicher Einfalt folgen. Gehest du nicht willig, sagten die Weisen, so mußt du gehen: die Regel der Natur ändert sich deinetwegen nicht; je mehr du aber die Vollkommenheit, Güte und Schönheit derselben erkennest, desto mehr wird auch diese lebendige Form dich zum *Nachbilde der Gottheit* in deinem irrdischen Leben bilden. Wahre Religion also ist ein kindlicher Gottesdienst, eine Nachahmung des Höchsten und Schönsten im menschlichen Bilde, mithin die innigste Zufriedenheit, die wirksamste Güte und Menschenliebe.

Und so siehet man auch, warum in allen Religionen der Erde mehr oder minder Menschenähnlichkeit Gottes habe statt finden müssen, entweder daß man den Menschen zu Gott erhob oder den Vater der Welt zum Menschengebilde hinabzog. Eine höhere Gestalt als die unsre kennen wir nicht; und was den Menschen rühren und menschlich machen soll, muß menschlich gedacht und empfunden seyn. Eine sinnliche Nation veredelt also die Menschengestalt zur göttlichen Schönheit; andre, die geistiger dachten, brachten Vollkommenheiten des Unsichtbaren in Symbole fürs menschliche Auge. Selbst da die Gottheit sich uns offenbaren wollte, sprach und handelte sie unter uns, jedem Zeitraum angemessen, *menschlich*. Nichts hat unsre Gestalt und Natur so sehr veredelt, als die Religion; blos und allein weil sie sie auf ihre reinste Bestimmung zurückführte.

Glossar

Accidentien	die einer Substanz (lat. substantia = das Zugrundeliegende) nicht notwendig zukommenden, wechselnden Zustände
adaptionsfähig	anpassungsfähig
afferente Bahnen	Nervenbahnen, die von den Sinnesorganen zum Zentralnervensystem führen
Akkumulation	Anhäufung
amorph	ungestaltet
amusement (frz.)	Vergnügen
Analogon	Entsprechung
Anthropoide	Menschenaffe
Areal	hier: Bezirk
bipolare Koexistenz	zweipolige Wechselbeziehung
bon mot (frz.)	Witzwort, geistreiche Bemerkung
Chiffer	Symbolzeichen
Depravierung	Erniedrigung
Disjunktion	wechselseitig sich ausschließendes Urteil (A ist entweder B oder C)
distribuieren	verteilen
Doktrin	Lehre (meist abwertend für: unhaltbare, unbewiesene Lehre)
Domestike	Bediensteter
EEG	Elektroencephalogramm (Verfahren zum Messen von Gehirnströmen)
ekstatisch	aus sich herausgehend, außer sich seiend
eminent	hier: ausgezeichnet, hervorstechend
Epiphänomenalismus	Standpunkt, das Bewußtsein sei Begleiterscheinung der physiologischen Prozesse (sein Anhängsel)
Ethnologie	Völkerkunde
error-and-trial-Methode (engl.)	experimentelles (gedankliches oder empirisches) Ausprobieren verschiedener Lösungswege
Ethos	sittliche Gesinnung, geistige Wesensart
exponieren	herausstellen, hier: gefährden
Extension	Begriffsumfang
Fiber	Muskelfaser
fokussieren	sich in einem Brennpunkt sammeln
fusionieren	zusammenschließen
grandeur de l'homme (frz.)	Würde des Menschen

habitualisiert	zur Gewohnheit geworden
Heroismus	Heldentum
Hominiden	Menschenaffen
Hydra	siebenköpfige Schlange (mythologische Figur)
inaktivieren	untätig machen
indeterministisch	ohne bestimmbare/angebbare Ursache
Indignation	Entrüstung
Induktion	Methode, vom Einzelfall auf das Allgemeine zu schließen
Input	Eingabe von Daten
Intension	Begriffsinhalt (Beispiel: Junggeselle = unverheirateter Mann)
interaktionistisch	hier: die Körper-Geist-Wechselbeziehung betreffend
Introspektion	Selbstbeobachtung; die auf das eigene Bewußtseinsgeschehen gerichtete Beobachtung
Isomorphismus	Strukturgleichheit, hier: Bezeichnung für die Hypothese, daß Erlebnisstrukturen physiologischen Strukturen entsprechen
Item	hier: Bestandteil
Kategorie	Typ, Sorte, Einteilungsbegriff
Kausalgesetz	ein Ereignis A (= Ursache) bringt unter bestimmten Bedingungen ein anderes Ereignis B (= Wirkung) mit Notwendigkeit hervor
kognitiv	begrifflich, wissensmäßig
Konfiguration	bildliche Gestalt, Anordnung
Konkomitanzgesetz	Gesetz über Begleiterscheinungen
Kontinuität	Ununterbrochenheit, Beständigkeit
Korrelation	Wechselbeziehung
Laxität	hier: Sorglosigkeit
Liaisonhirn	Region des Gehirns, die in unmittelbarer Verbindung mit dem bewußten Erleben des Individuums steht
Manifestation	Kundgabe
Metaphysik	Lehre von den jenseits der sinnlichen Erfahrung liegenden Gründen der Dinge
Metawissenschaft	Wissenschaft über eine Wissenschaft, versucht deren Grundbegriffe zu klären
Misanthropie	Menschenhaß
morphologisch	gestaltmäßig
Motorium	Bewegungsapparat, Bewegungsorgane des Körpers
Mythos	hier: Märchen, Fabel
Neokortex	stammesgeschichtlich jüngster, am stärksten differenzierter Teil der Großhirnrinde
Neuronen	Nervenzellen
Neurophysiologie	Lehre von der Funktion der Nervensysteme
okkult	hier: rätselhaft
ontisch	seinsmäßig
orgiastisch	überschwenglich

Paradigma	Beispiel, Muster, Vorbild
Parallelismus	innerhalb des Leib-Seele-Problems die Hypothese, die behauptet, es gäbe zwischen der physiologischen Tätigkeit des Gehirns und dem verstandesmäßigen, geistigen Geschehen eine Beziehung, die als parallel zu denken ist, ohne gegenseitige Wechselwirkung
paraoptisch	die Optik befreffend
Parapsychologie	Lehre von okkulten Erscheinungen (sog. „Psiphänomene")
per se (lat.)	an sich
Phänomen	sowohl das sich den Sinnen Zeigende als auch der sich der Erkenntnis darbietende Bewußtseinsinhalt
phänomenal	sich sowohl den Sinnen als auch der Erkenntnis darbietend
Prämisse	Voraussetzung
Primaten	höher stehende Wirbeltiere
Prototyp	hier: Ausgangspunkt
Psychosomatik	in der Medizin Begriff für das Zusammenwirken psychischen Erlebens und körperlicher Auswirkung
Questionnaire (frz.)	Fragebogen
Rationalisierung	in der Psychologie Rechtfertigung und Erklärung einer Tätigkeit, bei der die tatsächlichen Motive nicht eingestanden werden
Rezeptororgan	Aufnahmeorgan (z. B. Auge, Ohr ...)
Sensorium	Sinnesapparat
Solipsismus	erkenntnistheoretische Auffassung, daß nur das eigene Selbst wirklich ist und die Aussagen über es wahrer als die über die Außenwelt sind (von lat. solus ipse: nur ich selbst)
solitär	hier: vereinzelt, isoliert
somatisch	körperlich
sub specie	unter dem Gesichtspunkt von
synaptische Übertragung	Kontaktbildung für die Erregungsübertragung einer Nervenzelle (oder Sinneszelle) mit einer anderen Nervenzelle (oder einem sog. „Erfolgsorgan" = Muskel, Drüse...). Im menschlichen Gehirn bildet im Durchschnitt jede Nervenzelle mehrere hundert synaptische Kontakte aus.
travail attractif (frz.)	anziehende, befriedigende Arbeit
trial-and-error-Methode (engl.)	experimentelles (gedankliches oder empirisches) Ausprobieren verschiedener Lösungswege
unrevidierbar	nicht rückgängig zu machen
usurpieren	hier: vereinnahmen
verbalisieren	in Worte fassen
volitive Akte	Willensakte

Biobibliographie

Adorno, Theodor W. (1903-1969), Professor für Philosophie in Frankfurt, Vertreter der sog. »Frankfurter Schule« (Kritische Theorie), bedeutender Gesellschaftskritiker, nach 1933 im Exil in England u. USA, ab 1950 in Frankfurt. Hauptwerke: Minima Moralia (1951/62), Eingriffe (1963), Negative Dialektik (1966).
Text aus: Th. W. Adorno/ A. Gehlen: Ein Streitgespräch, in: Friedrich Grenz: Adornos Philosophie in Grundbegriffen, Frankfurt: Suhrkamp 1974, S. 242 ff. (gekürzt)

Altes Testament, Genesis in der Überarbeitung von Walter Bröcker.
Text aus: Der Mythos vom Baum der Erkenntnis, in: Anteile. Martin Heidegger zum 60. Geburtstag, Frankfurt: Klostermann 1950, S. 30–33 (gekürzt)

Anders, Günther (geb. 1902), Schriftsteller und Philosoph, Vorkämpfer gegen die Atomgefahr, Hauptwerke: Die Antiquiertheit des Menschen, 2 Bde. (1956/80). Der Mann auf der Brücke. Tagebuch aus Hiroshima und Nagasaki (1959).
Text aus: Die Antiquiertheit des Menschen, Bd. I, München: Beck 1968, S. 35–41 (gekürzt)

Bischof, Norbert (geb. 1926), Professor für Psychologie an der Universität Zürich; arbeitet in experimenteller und mathematischer Psychologie.
Text aus: Erkenntnistheoretische Grundlagen der Wahrnehmungspsychologie, in: Handbuch der Psychologie, Bd. I/1, Wahrnehmung und Bewußtsein, hrsg. v. W. Metzger, Göttingen: Hogrefe 1966, S. 21–27 (gekürzt)

Black, Max (geb. 1902), bis 1977 Professor für Philosophie in den USA, wichtige Arbeiten auf den Gebieten Sprachphilosophie und Logik. Wichtigste Werke: Language and Philosophy (1949), The Labyrinth of Language (1968) (dt. ›Sprache‹).
Text aus: Sprache, München: Fink 1973, S. 11–12

Camus, Albert (1913–1960) Schriftsteller und Existenzphilosoph, Nobelpreis für Literatur 1957; gilt als Philosoph des Absurden. Hauptwerke: Der Mythos des Sisyphos (1942), Die Pest (1948), Der Mensch in der Revolte (1953).
Text aus: Der Mythos des Sisyphos. Ein Versuch über das Absurde, Hamburg: Rowohlt 1959, S. 98–101

Descartes, René (lat. Renatus Cartesius) (1596–1650), gilt als Vater der neueren Philosophie, indem er den von der Souveränität der Vernunft überzeugten Rationalismus begründete. Wichtigste Werke: Discourse de la méthode (1637), Meditationes de prima philosophia (1641), Principia philosophiae (1644).
Text aus: Gedanken zum Beweise des Daseins Gottes und der Unterschiedenheit der Seele vom Körper, nach geometrischer Methode geordnet (= Anhang zu den Erwiderungen auf die Einwände von Marsenne und seinen Bekannten gegen die ›Meditationen über die Grundlagen der Philosophie‹), in: R. D.: Meditationen über die Grundlagen der Philosphie mit den sämtlichen Einwänden und Erwiderungen, hrsg. v. A. Buchenau, Hamburg: Meiner 1954, S. 145–154 (gekürzt)

Eccles, Sir John C. (geb. 1903), Neurobiologe, 1963 Nobelpreis für Medizin; wichtige Arbeiten auf dem Gebiet der Gehirnforschung: Neuro-physiological Basis of Mind (1953), The Understanding of the Brain (1977); zusammen mit K. Popper: The Self and its Brain (1977).
Text aus: John C. Eccles, Hans Zeier: Gehirn und Geist, München: Kindler 1980, S. 126–147 (gekürzt)

Feigl, Herbert (geb. 1902), Professor für Philosophie in Minneapolis (USA), gehört zum Kreis der »logischen Empiristen«. Veröffentlichte wichtige Arbeiten zum »Leib-Seele-Problem«: Philosophical Embarrassments of Psychology (1959), The »mental« and the »physical« (1958).
Text aus: Leib – Seele, kein Scheinproblem, in: Psychologische Anthropologie, hrsg. v. H. G. Gadamer, P. Vogler, Stuttgart: Thieme 1973, S. 3–13 (gekürzt)

Gehlen, Arnold (1904–1976), Professor für Soziologie in Aachen. Hauptwerke: Der Mensch. Seine Natur und Stellung in der Welt (1940), Urmensch und Spätkultur (1964), Die Seele im technischen Zeitalter (1957).
1. Text aus: Der Mensch. Seine Natur und Stellung in der Welt, Wiesbaden: Athenaion 1976, S. 33–38 (gekürzt).
2. Text aus: Anthropologische Forschung, Reinbek: Rowohlt 1971, S. 70–71 (gekürzt).
3. Text aus: Anthropologische Forschung, Reinbek: Rowohlt 1971, S. 63–66 (gekürzt).

Herder, Johann Gottfried (1744–1803), Dichter, Theologe und Philosoph mit großem Einfluß auf die deutsche Klassik, prägte ihr Humanitätsverständnis. Hauptwerke: Abhandlung über den Ursprung der Sprache (1772), Ideen zur Philosophie der Geschichte der Menschheit (1784/91), Briefe zur Beförderung der Humanität (1793/97).
Text aus: Herders Werke, Bd. 4, Berlin-Weimar: Aufbau Verlag 1969, S. 107–115 (gekürzt)

Hofmannsthal, Hugo v. (1874–1929), bedeutender österreichischer Lyriker, Novellist und Essayist.
Text aus: Deutsche Gedichte, hrsg. v. Echtermeyer/Wiese, Düsseldorf: Bagel 1966, S. 605

Jaspers, Karl (1883–1969), nach psychiatrischer Tätigkeit 1921 Professor für Philosophie in Heidelberg, 1938 zwangsweise pensioniert durch die Nationalsozialisten, Hauptwerke: Philosophie, 3 Bde. (1932), Existenzphilosophie (1938), Die Atombombe und die Zukunft des Menschen (1958).
Text aus: Mythos und Philosophie, in: Die Wirklichkeit des Mythos, hrsg. v. Kurt Hoffmann, München-Zürich: Knaur 1965, S. 53–57 (gekürzt)

Landmann, Michael (geb. 1910), Professor für Philosophie in Berlin, arbeitet vor allem über kulturphilosophische und anthropologische Fragen; Hauptwerke: Erkenntnis und Erlebnis (1951), De Homine (1962).
Text aus: Philosophische Anthropologie, Berlin: de Gruyter, 3. Aufl. 1969, S. 5–11 (gekürzt)

Löwith, Karl (1897–1973), lehrte in Heidelberg, vertrat eine skeptische Philosophie, Hauptwerke: Von Hegel zu Nietzsche (1941), Wissen, Glaube, Skepsis (1963).
Text aus: Natur und Humanität des Menschen, in: Gesammelte Abhandlungen. Zur Kritik der geschichtlichen Existenz, Stuttgart: Kohlhammer, 2. Aufl. 1969, S. 193

Marx, Karl (1818–1883), Begründer des historischen Materialismus und der nach ihm benannten Weltanschauung. Wichtigste Werke: Manifest der kommunistischen Partei (1848), Die deutsche Ideologie (1845 zus. mit F. Engels), Das Kapital, 3 Bde. (1867–1894).
Text aus: Grundrisse der Kritik der politischen Ökonomie, Berlin-Ost: Dietz 1974, S. 504–507 (gekürzt)

Mead, George Herbert (1863–1931), amerikanischer Philosoph, seine Bewußtseins- und Identitätstheorie wird heute unter Philosophen und Soziologen wieder diskutiert. Hauptwerke: Mind, Self, and Society (1934), The Philosophy of the Act (1938).
Text aus: Geist, Identität und Gesellschaft, Frankfurt: Suhrkamp 1968, S. 180–183 (gekürzt)

Platon (427–347 v. Chr.), mit Aristoteles der bedeutendste Denker der Antike, einflußreich vor allem durch seine Ideen- und Staatslehre, Schüler des Sokrates. Hauptwerke: Apologie, Symposion, Phaidon, Politeia.
1. Text aus: Protagoras, in: Frühdialoge, Jubiläumsausgabe Bd. I, Zürich und München: Artemis 1974, S. 202–204
2. Text aus: Symposion, in: Sämtliche Werke, Bd. 2, Hamburg: Rowohlt 1957, S. 220–222

Plessner, Helmuth (geb. 1892), war Professor für Philosophie und Soziologie in Göttingen; Hauptwerke: Die Stufen des Organischen (1928), Die verspätete Nation (1959), Wesen und Wirklichkeit des Menschen (1958).
1. Text aus: Der Mensch als Lebewesen, in: Die Frage nach der Conditio humana, Frankfurt: Suhrkamp 1976, S. 111–114 (gekürzt)
2. Text aus: Über Menschenverachtung, in: Diesseits der Utopie, Frankfurt: Suhrkamp 1974, S. 216–220 (gekürzt)

Portmann, Adolf (geb. 1897), war Professor für Zoologie in Basel, arbeitete vor allem auf dem Gebiet der Entwicklungsgeschichte der Wirbeltiere. Hauptwerke: Biologische Fragmente zu einer Lehre vom Menschen (1951), Biologie und Geist (1956).
Text aus: Der Mensch – ein Mängelwesen? in: Was ist das – der Mensch, hrsg. v. Johannes Schlemmer, München: Piper 1968, S. 46 f.

Rohracher, Hubert (geb. 1903), österreichischer Psychologe. Werke: Kleine Charakterkunde (1963), Die Arbeitsweise des Gehirns und die psychischen Vorgänge (1953), Einführung in die Psychologie (1963).
Text aus: Einführung in die Psychologie, Wien: Urban und Schwarzenbeck 1963, S. 69–74

Ryle, Gilbert (geb. 1900), Professor für Philosophie an der Universität Oxford, einer der wichtigsten Vertreter der sog. »sprachanalytischen Philosophie«. Werke: The Concept of Mind (1949), Dilemmas (1954), Plato's Progress (1966).
Text aus: Der Begriff des Geistes (Übersetzer Kurt Baier), Stuttgart: Reclam 1969, S. 7–17 u. 232–264 (gekürzt)

Scheler, Max (1874–1928), Professor für Philosophie in Köln, veröffentlichte maßgebliche Werke auf den Gebieten der Ethik (Wertlehre), Kultur- und Religionsphilosophie, Entwurf einer Weltanschauungstypologie. Hauptwerke: Der Formalismus in der Ethik und die materielle Wertethik (1913), Wesen und Formen der Sympathie (1923), Die Stellung des Menschen im Kosmos (1927).
Text aus: Die Stellung des Menschen im Kosmos, Bern: Franke 7. Aufl. 1966, S. 36–43

Schiller, Friedrich (1759–1805), deutscher Dichter und Philosoph der Klassik, vielfältiges poetisches und theoretisches Werk.
Text aus: Ästhetische Erziehung des Menschen, in: Sämtliche Werke, Bd. V, München o. J.: Winkler, S. 402–406 (gekürzt)

Schmidt, Hans Paul (geb. 1926), Theologe. Wichtige Publikationen: Verheißung und Schrecken der Freiheit (1964), Frieden (1969).
Text aus: Bemerkungen zum Begriff der Institution, in: Praktische Philosophie/Ethik 1, hrsg. v. Karl-Otto Apel u. a., Frankfurt/M.: S. Fischer 1980, S. 29/30 (gekürzt)

Watson, John B. (1878–1958), amerikanischer Psychologe, gilt als Begründer der behavioristischen Psychologie. Werke: Psychology as the Behaviorist views it (1913), Psychology from the standpoint of a behaviorist (1919).
Text aus: Psychologie, wie sie der Behaviorist sieht, in: J. B. W.: Behaviorismus, Köln-Berlin: Kiepenheuer und Witsch 1968, S. 35–43

Materialien für den Philosophieunterricht in der Sekundarstufe II

Herausgegeben und bearbeitet von
Jakob Ossner, Michael Rumpf und Joachim Vahland

Dem Konzept der an den Erfordernissen schulischer Praxis orientierten 6 Materialienbände liegt die Auffassung zugrunde, daß Philosophieunterricht als argumentierende Auseinandersetzung stattfinden sollte. Entsprechend wollen die Texte, die ein Thema jeweils in einem systematischen Zusammenhang präsentieren, einen diskussionsintensiven Unterricht fördern. Biographische Hinweise und ein ausführliches Glossar sollen dem Schüler einen selbständigen Umgang mit den Bänden erleichtern. Verzichtet wird hingegen auf die Formulierung von Leitfragen und Arbeitsaufträgen, damit die Unterrichtsgestaltung den methodischen und didaktischen Entscheidungen des Lehrers überlassen bleibt. Statt dessen werden die Texte durch kurze Bemerkungen eingeleitet, die in die Probleme einführen. In allen Bänden kommen sowohl klassische als auch moderne Philosophen zu Wort. Wo es die Sache erfordert, werden Texte auch von Autoren anderer Disziplinen aufgenommen.

Band 1: Philosophiekurs Ethik

Schülerband: 95 Seiten, DM 9,80
Lehrerband: 71 Seiten, DM 10,80

Aus dem Inhalt: I. Einführung in den Problembereich: Texte von Hans Reiner und Günter Patzig. II. Freiheit und Determinismus: Texte von Schopenhauer, Nietzsche, Sartre, Michael Landmann, Kant, Herbert J. Paton. III. Sein und Sollen: Texte von Äsop, Max Weber, David Hume, Franz von Kutschera. IV. Prinzip und Begründung: Texte von Norbert Hoerster, Augustinus, Max Stirner, John St. Mill, Kant. V. Die Tugend der Gerechtigkeit: Texte von William K. Frankena, John Rawls, Platon, Hans Kelsen, Dürrenmatt. VI. Aktuelle Probleme der Ethik: Texte von Hans Jonas, Hoimar von Ditfurth, Gordon R. Taylor, Rudolf Kautzky.

Band 3: Kurs Kultur- und Gesellschaftsphilosophie

Schülerband: ca 95 Seiten, ca. DM 9,80
Lehrerband: ca. 75 Seiten, ca. DM 10,80

Die Texte dieses Bandes stellen die Bemühungen um philosophische Rechtfertigung der staatlichen Organisation menschlichen Zusammenlebens vor und dokumentieren die philosophische Tradition der Kulturkritik und Kulturdiagnose.

Band 4: Kurs Philosophische Analyse von Alltagsphänomenen

Schülerband: ca 95 Seiten, ca. DM 9,80
Lehrerband: ca. 75 Seiten, ca. DM 10,80

Menschliche Phänomene aller Art, die aus dem Alltag vertraut sind – Spiel, Liebe, Vergessen, Humor und Glück – haben in philosophischer Reflexion aufschlußreiche Deutungen erhalten.

Band 5: Philosophiekurs Erkenntnis- und Wissenschaftstheorie

Schülerband: ca. 95 Seiten, ca. DM 9,80
Lehrerband: ca. 75 Seiten, ca. DM 10,80

Die klassische Frage nach der Begründung menschlichen Erkennens und die inzwischen auch schon ehrwürdig gewordene Frage nach der Struktur wissenschaftlicher Theorien sollen als aufeinander angewiesen dargestellt werden.

Band 6: Kurs Religionsphilosophie

Schülerband: ca. 95 Seiten, ca. DM 9,80
Lehrerband: ca. 75 Seiten, ca. DM 10,80

Das Verhältnis von Vernunft und Glauben sowie eine Analyse der Gottesbeweise, deren Diskussion auch in der analytischen Philosophie wiedergekehrt ist, stehen im Zentrum des Bandes.

Quelle & Meyer · Heidelberg